ニュートン

科《か》学《がく》の学《がっ》校《こう》シリーズ

海《うみ》の学《がっ》校《こう》

まえがき

はじめまして。
ぼくの名前《なまえ》は「ぶートン」です。

科学《かがく》のおもしろさを、わかりやすく伝《つた》える
「科学《かがく》の学校《がっこう》シリーズ」の今回《こんかい》のテーマは
「海《うみ》」です。

海《うみ》といえば、みなさんは何《なに》を想像《そうぞう》しますか。
魚《さかな》やイルカなどの生《い》き物《もの》たち？　波《なみ》の音《おと》？
ダイビングやシュノーケリング？　大《おお》きな船《ふね》？

ぶートン

人《ひと》によって、さまざまな海《うみ》へのイメージがあることでしょう。
なにしろ海《うみ》は広《ひろ》く、ぼくたちにさまざまな顔《かお》を見《み》せてきます。
多《おお》くの謎《なぞ》とひみつをかかえた場所《ばしょ》なのです。

そんな海《うみ》について、ぼくと友達《ともだち》の「ウーさん」が、
やさしく楽《たの》しく紹介《しょうかい》していきます。

この本《ほん》を読《よ》めば、今《いま》まで知《し》らなかった海《うみ》の
新《あら》たな一面《いちめん》を知《し》ることができるはずです。
さあ、ぼくやウーさんといっしょに、
広大《こうだい》な海《うみ》をめぐる冒険《ぼうけん》に出《で》かけましょう。

2024年《ねん》3月《がつ》

ぶートン

もくじ

海の生き物 2じかんめ

深海の生き物 3じかんめ

4じかんめ 海中への冒険

5じかんめ 海と地球環境

6じかんめ 海のもたらすめぐみ

この本《ほん》の特徴《とくちょう》

ひとつのテーマを、2ページで紹介《しょうかい》します。メインのお話《はなし》（説明《せつめい》）だけでなく、関連《かんれん》する情報《じょうほう》を教《おし》えてくれる「メモ」や、テーマに関係《かんけい》のある豆《まめ》知識《ちしき》を得《え》られる「もっと知《し》りたい」もあります。

また、ちょっと面白《おもしろ》い話題《わだい》を集《あつ》めた「やすみじかん」のページも、本《ほん》の中《なか》にたまに登場《とうじょう》するので、探《さが》してみてくださいね。

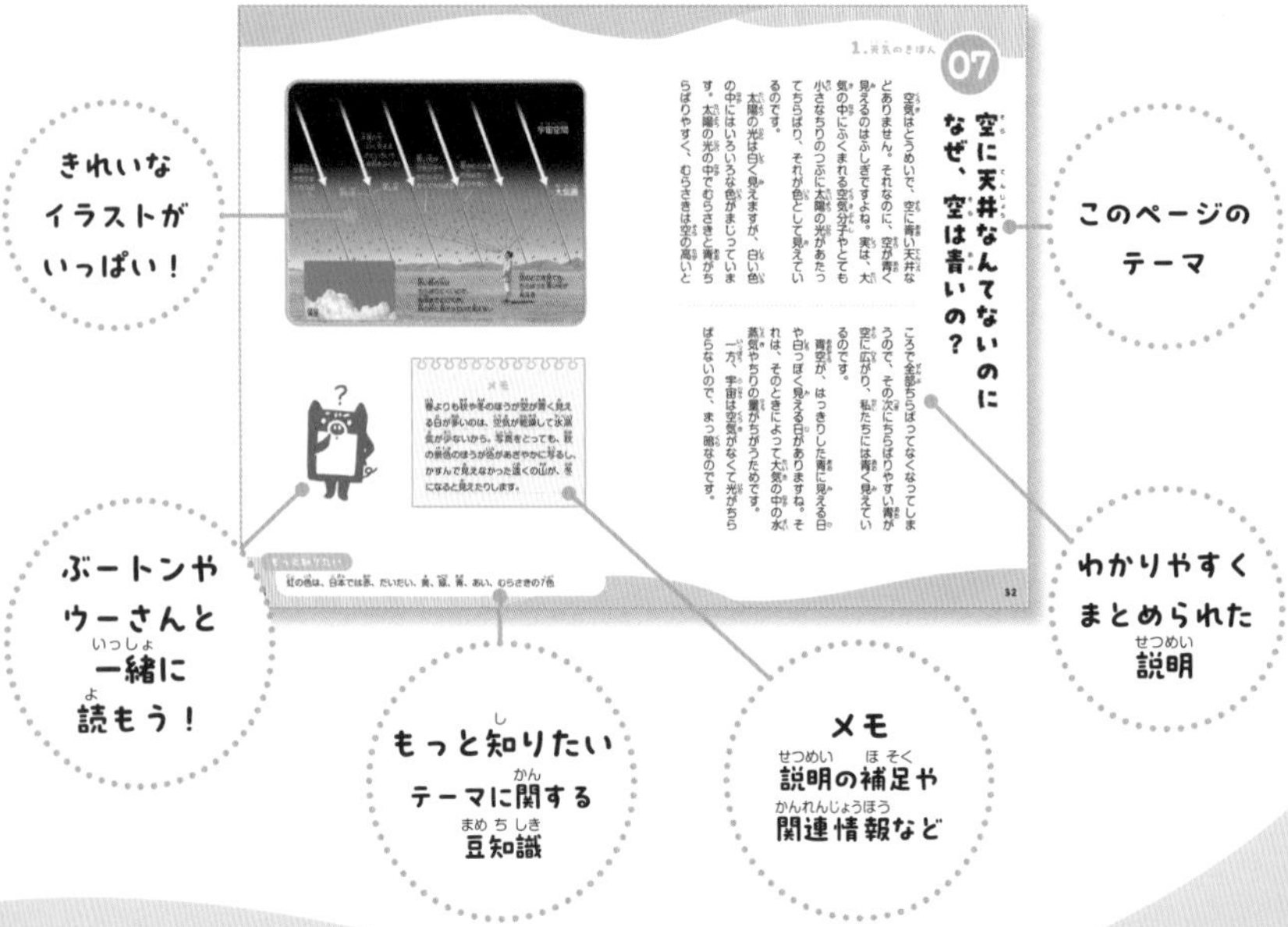

07
空に天井なんてないのに なぜ、空は青いの？
きれいなイラストがいっぱい！
このページのテーマ
ぶートンやウーさんと一緒《いっしょ》に読《よ》もう！
わかりやすくまとめられた説明《せつめい》
もっと知《し》りたい テーマに関《かん》する豆知識《まめちしき》
メモ 説明《せつめい》の補足《ほそく》や関連情報《かんれんじょうほう》など

キャラクター紹介《しょうかい》

ぶートン

科学雑誌《かがくざっし》『Newton《ニュートン》』から誕生《たんじょう》したキャラクター。まぁるい鼻《はな》がチャームポイント。

ウーさん

ぶートンの友達《ともだち》。うさぎのような長《なが》い耳《みみ》がじまん。いつもにくまれ口《ぐち》をたたいているけど、にくめないヤツ。

ぶートンは
変身《へんしん》もできるよ！

魚《さかな》

潜水調査船《せんすいちょうさせん》

アンモナイト

群《む》れで泳《およ》ぐ魚《さかな》たち

多《おお》くの魚《さかな》が集団《しゅうだん》になることで敵《てき》から身《み》を守《まも》ります。また、前《まえ》を泳《およ》ぐ魚《さかな》がおこした渦《うず》をうしろの魚《さかな》が利用《りよう》することで水《みず》の抵抗《ていこう》を減《へ》らし、エネルギーを節約《せつやく》して泳《およ》げるようです。

魚《さかな》がいっぱいだぜ〜
ぼくたちもいっしょに泳《およ》ごう！

カラフルな海《うみ》の楽《らく》園《えん》

カラフルなサンゴ礁《しょう》のまわりに、色《いろ》とりどりの魚《さかな》たちが集《あつ》まっています。造礁《ぞうしょう》サンゴ（→58ページ）が集《あつ》まってできたサンゴ礁《しょう》は、たくさんの海《うみ》の生《い》き物《もの》たちのすみかとなっています。

オレも混《ま》ぜて
くれよ〜

クジラの大《だい》ジャンプ！

ザトウクジラが海面《かいめん》からジャンプしています。クジラがなぜこのように大《おお》きなジャンプをするかは、実《じつ》はわかっていませんが、「体《からだ》についた寄《き》生虫《せいちゅう》をはらうため」「ただ遊《あそ》んでいるだけ」などという説《せつ》があります。

ぼくはうれしくなるとジャンプしちゃう！
海《うみ》に落《お》っこちないようにな

クラゲって
見《み》てるといやされる
よね〜

海《かい》中《ちゅう》をゆったりただようクラゲ

水中《すいちゅう》をただようミズクラゲ。四葉《よつば》のクローバーのような模様《もよう》が4つの目《め》に見《み》えることから、「ヨツメクラゲ」ともよばれています。

なんか眠《ねむ》くなって
きたぜ~

タツノオトシゴは実《じっ》は魚《さかな》

タツノオトシゴは、こう見《み》えても魚《さかな》の仲間《なかま》です。長《なが》いしっぽを、海藻《かいそう》などに巻《ま》きつけて潮《しお》に流《なが》されないようにします。雌《めす》が雄《おす》のお腹《なか》の袋《ふくろ》に卵《たまご》を生《う》み、雄《おす》が子《こ》どもを育《そだ》てる習性《しゅうせい》があります。

1

じかんめ

海《うみ》のひみつ

地球《ちきゅう》の表面《ひょうめん》の大《だい》部《ぶ》分《ぶん》を占《し》め、人《ひと》や生《い》き物《もの》たちの暮《く》らしにかかせない海《うみ》。いったいいつからあるの？　海水《かいすい》はなぜしょっぱい？　波《なみ》はどうやってできる？　そんな、当《あ》たり前《まえ》すぎて逆《ぎゃく》に知《し》らない人《ひと》の多《おお》い、海《うみ》のひみつについて紹介《しょうかい》していきます。

01

海《うみ》はいつできたの？どうやってできたの？

約《やく》46億年前《おくねんまえ》、まだ生《う》まれたばかりの地球《ちきゅう》の表面《ひょうめん》は高温《こうおん》でドロドロにとけ、「マグマオーシャン（マグマの海《うみ》）」という状態《じょうたい》でした。大気《たいき》は熱《あつ》く、たくさんの水蒸気《すいじょうき》を含《ふく》んでいました。

やがて大気《たいき》が冷《ひ》えてくると、水蒸気《すいじょうき》は豪雨《ごうう》となって一気《いっき》に地表《ちひょう》に降《ふ》り注《そそ》ぎました。こうして海《うみ》ができたといわれています。少《すく》なくとも40億年前《おくねんまえ》には、地球上《ちきゅうじょう》に海《うみ》があったようです。

では、そもそも大気中《たいきちゅう》の水蒸気《すいじょうき》はどこからやってきたのでしょうか？　それには、「地球《ちきゅう》に落《お》ちた隕石《いんせき》や彗星《すいせい》が宇宙《うちゅう》から運《はこ》んできた」という説《せつ》や、「何《なん》らかの化学反応《かがくはんのう》によってできた」という説《せつ》などがあります。

2020年《ねん》、日本《にほん》の小惑星探査機《しょうわくせいたんさき》「はやぶさ2」がもち帰《かえ》った小惑星《しょうわくせい》「リュウグウ」のかけらには、水《みず》が含《ふく》まれていました。やはり、水《みず》は宇宙《うちゅう》からやってきたのでしょうか？　今後《こんご》の研究《けんきゅう》がまたれます。

豪雨《ごうう》で海《うみ》が誕生《たんじょう》した

マグマでおおわれていた地球《ちきゅう》が冷《ひ》え、大気中《たいきちゅう》のたくさんの水蒸気《すいじょうき》が雨《あめ》となって降《ふ》り注《そそ》ぎ、海《うみ》をつくった。イラストはそのときの想像図《そうぞうず》だ。

38億年前《おくねんまえ》の枕状溶岩《まくらじょうようがん》

グリーンランドのイスアには38億年《おくねん》前《まえ》の地層《ちそう》が広《ひろ》がっている。当時《とうじ》海《うみ》があった証拠《しょうこ》である堆積岩《たいせきがん》や、海底火《かいていか》山《ざん》から溶岩《ようがん》が海底《かいてい》に噴出《ふんしゅつ》してできた枕状溶岩《まくらじょうようがん》が見《み》られる。

もっと知《し》りたい

「はやぶさ2」は次《つぎ》の小惑星探査《しょうわくせいたんさ》に向《む》かっており、2031年到着予定《ねんとうちゃくよてい》。

02

地球上《ちきゅうじょう》には陸地《りくち》に囲《かこ》まれた5つの海《うみ》がある

海《うみ》はどれくらい広《ひろ》いのでしょうか。海《うみ》の面積《めんせき》は、約《やく》3・6億《おく》平方《へいほう》キロメートルで、地表《ちひょう》の約《やく》70%を占《し》めています。そう、実《じつ》は地球《ちきゅう》の表面《ひょうめん》のほとんどは海《うみ》なのです。そのため、地球《ちきゅう》は「水《みず》の惑星《わくせい》」とよばれることもあります。

海《うみ》は、陸地《りくち》によっておおまかに5つに分《わ》かれています。日本《にほん》が面《めん》している「太平洋《たいへいよう》」、南北《なんぼく》アメリカ大陸《たいりく》とヨーロッパ、アフリカ大《たい》

北極海《ほっきょくかい》

ユーラシア、北《きた》アメリカの各大陸《かくたいりく》とグリーンランドに囲《かこ》まれた海《うみ》。最深部《さいしんぶ》の深《ふか》さは 5440メートル、平均深度《へいきんしんど》は1300メートルで、ほかの大洋《たいよう》より浅《あさ》い。多《おお》くの部分《ぶぶん》が氷《こおり》におおわれている。厳《きび》しい環境《かんきょう》のなかで、ほかの海《うみ》にはいない独自《どくじ》の生《い》き物《もの》が多《おお》くみられる。

太平洋《たいへいよう》

ユーラシア、オーストラリア、南北《なんぼく》アメリカの各大陸《かくたいりく》に囲《かこ》まれた地球上《ちきゅうじょう》で最《もっと》も広《ひろ》い海《うみ》。地球《ちきゅう》の表面《ひょうめん》の約《やく》3分《ぶん》の1を占《し》めている。地球上《ちきゅうじょう》で最《もっと》も深《ふか》いチャレンジャー海淵《かいえん》（水深《すいしん》1万《まん》920メートル）がある。

大西洋《たいせいよう》

ヨーロッパ、アフリカ、南北《なんぼく》アメリカの各大陸《かくたいりく》に囲《かこ》まれた海《うみ》。太平洋《たいへいよう》の次《つぎ》に広《ひろ》く、海全体《うみぜんたい》の約《やく》3分《ぶん》の1を占《し》めている。最深《さいしん》部《ぶ》の深《ふか》さは8605メートルだが、平均深度《へいきんしんど》は約《やく》3700メートルで、太平洋《たいへいよう》やインド洋《よう》にくらべるとやや浅《あさ》い。

南極海《なんきょくかい》

南極《なんきょく》のまわりから南緯《なんい》60度《ど》の地域《ちいき》まで広《ひろ》がる海《うみ》。最深部《さいしんぶ》の深《ふか》さは7434メートル、平均深度《へいきんしんど》は約《やく》4000メートルで、インド洋《よう》や大西洋《たいせいよう》よりも深《ふか》い。多《おお》くの部分《ぶぶん》が氷《こおり》におおわれている。

陸《りく》に囲《かこ》まれた「大西洋《たいせいよう》」、ユーラシア大陸《たいりく》の南《みなみ》にある「インド洋《よう》」、北極《ほっきょく》にある「北極海《ほっきょくかい》」、南極《なんきょく》にある「南極海《なんきょくかい》」の5つです。これらの海《うみ》は、「大洋《たいよう》（〝大《おお》きな海《うみ》〟という意味《いみ》）」ともよばれます。

さらにその一部《いちぶ》として、島《しま》や半《はん》島《とう》などを含《ふく》む陸地《りくち》に囲《かこ》まれた狭《せま》い範囲《はんい》の海《うみ》を指《さ》すよび方《かた》もあります。たとえば、「日本海《にほんかい》」や「東《ひがし》シナ海《かい》」などです。これらの海《うみ》を「縁海《えんかい》」といいます。また、大陸《たいりく》だけに囲《かこ》まれた海《うみ》を「地中海《ちちゅうかい》」とよびます。

太平洋《たいへいよう》と大西洋《たいせいよう》を
それぞれ北《きた》と南《みなみ》に分《わ》けた
「7つの海《うみ》」という
いい方《かた》もあるよ
インド洋《よう》
ユーラシア、アフリカ、オーストラリアの各大陸《かくたいりく》に囲《かこ》まれた海《うみ》。最《さい》深部《しんぶ》の深《ふか》さは8047メートル、平《へい》均深度《きんしんど》は3900メートル。

もっと知《し》りたい

太平洋《たいへいよう》、大西洋《たいせいよう》、インド洋《よう》を合《あ》わせて「三大洋《さんたいよう》」とよぶこともある。

03 海《うみ》の水《みず》はどうしてなめるとしょっぱいの？

海《うみ》の水《みず》が塩辛《しおから》いのは、もちろん、たくさんの塩《しお》が含《ふく》まれているからです。海水《かいすい》1キログラムの中《なか》には、およそ35グラムの塩《しお》が含《ふく》まれています。なぜ海《かい》水《すい》にはこれほど多《おお》くの塩《しお》が含《ふく》まれているのでしょうか？

海水《かいすい》の塩《しお》のほとんどは、「塩化《えんか》ナトリウム」という成分《せいぶん》でできています。塩化《えんか》ナトリウムは、おおまかにいうと「塩素《えんそ》」と「ナトリウム」がくっついてできています。

塩素《えんそ》は、地球《ちきゅう》が生《う》まれたばかりのころ（↓20ページ）は、大気中《たいきちゅう》に含《ふく》まれていました。やがて地球《ちきゅう》が冷《ひ》えてくると、塩素《えんそ》は雨《あめ》に混《ま》じって地表《ちひょう》に降《ふ》り注《そそ》ぎました。

一方《いっぽう》でナトリウムは、地表《ちひょう》にできた岩石《がんせき》に含《ふく》まれていました。そこへ塩素《えんそ》を含《ふく》んだ強《つよ》い酸性《さんせい》の海水《かいすい》がたまり、ナトリウムがとけだしました。こうして、塩素《えんそ》とナトリウムが結《むす》びつき、海《かい》水《すい》は塩《しお》を含《ふく》むようになったのです。

海水《かいすい》と海水中《かいすいちゅう》の塩《しお》の量《りょう》

地球《ちきゅう》にある海水《かいすい》をすべて集《あつ》めた球《きゅう》（左《ひだり》）と、海水中《かいすいちゅう》の塩《しお》をすべて集《あつ》めた球《きゅう》（右《みぎ》）のイメージ。

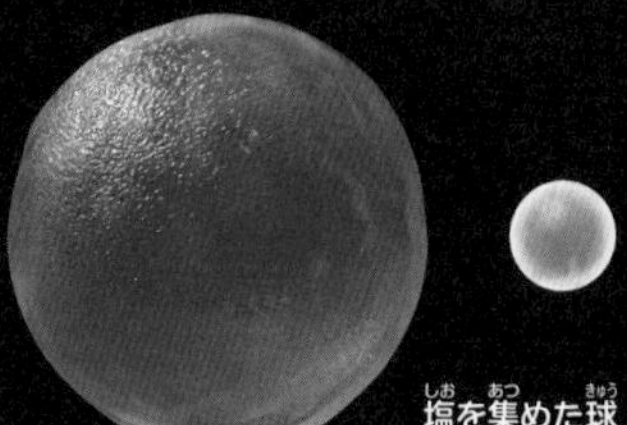

海水《かいすい》を集《あつ》めた球《きゅう》
体積《たいせき》：13.7億立方《おくりっぽう》キロメートル
半径《はんけい》：689キロメートル
重量《じゅうりょう》：141京《けい》トン

塩《しお》を集《あつ》めた球《きゅう》
体積《たいせき》：2290万立方《まんりっぽう》キロメートル
半径《はんけい》：176キロメートル
重量《じゅうりょう》：4京《けい》9400兆《ちょう》トン

塩《しお》の濃《こ》さで海《うみ》の色《いろ》がかわる

写真《しゃしん》はスペインにあるカディス湾《わん》の河口付《かこうふ》近《きん》。塩《しお》の濃《こ》さによって光《ひかり》の屈折《くっせつ》のしかたがことなるため、海水《かいすい》と、河《かわ》から流《なが》れこんできたばかりの淡水《たんすい》は、それぞれ別《べつ》の色《いろ》に見《み》える。

山《やま》でとれる“海水《かいすい》の化石《かせき》”!?

くだいたりけずったりして料理《りょうり》などに使《つか》われる岩塩《がんえん》は、海《うみ》ではなく山《やま》でとれます。もともと海《うみ》だった場所《ばしょ》が、地殻変動《ちかくへんどう》によって盛《も》り上《あ》がり、数万《すうまん》～数億年《すうおくねん》かけて山《やま》になることがあります。そこに海水《かいすい》が閉《と》じこめられ、水《すい》分《ぶん》が抜《ぬ》けていき、残《のこ》った成分《せいぶん》が結晶化《けっしょうか》したものが岩塩《がんえん》です。

もっと知《し》りたい

海水《かいすい》には、塩素《えんそ》やナトリウムだけでなく、ほぼすべての元素《げんそ》が含《ふく》まれている。

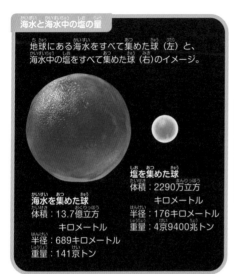

やすみじかん

海《うみ》のにおいは生《い》き物《もの》のにおい

海辺《うみべ》に行《い》くと、「磯《いそ》の香《かお》り」とよばれる独特《どくとく》な匂《にお》いがしますね。あの匂《にお》いは、主《おも》に海水中《かいすいちゅう》にいる微生物《びせいぶつ》がつくりだしています。

海藻《かいそう》や植物《しょくぶつ》プランクトンは、自分《じぶん》の体《からだ》から水分《すいぶん》が抜《ぬ》けるのを防《ふせ》ぐため、ジメチルスルフォニオ・プロピオン塩酸《えんさん》(DMSP)という物質《ぶっしつ》をつくっています。海水中《かいすいちゅう》の微生物《びせいぶつ》がこのDMSP

磯《いそ》の香《かお》りって
ちょっと生臭《なまぐさ》いような
匂《にお》いだよね

日本近海《にほんきんかい》は、多《おお》くの海流《かいりゅう》がぶつかって多様《たよう》な環境《かんきょう》が生《う》まれ、川《かわ》から流《なが》れてきた栄養《えいよう》が豊富《ほうふ》にとけこんでいるため、生《い》き物《もの》がたくさんいる。比較的《ひかくてき》、磯《いそ》の香《かお》りも強《つよ》い。

を分解《ぶんかい》すると、海苔《のり》などの匂《にお》いのもととなる硫化《りゅうか》ジメチルという物質《ぶっしつ》に変化《へんか》します。

また、魚《さかな》などの死骸《しがい》が微生物《びせいぶつ》などに分解《ぶんかい》されると、腐敗臭《ふはいしゅう》のもとであるトリメチルアミンがつくられます。

これら2つの匂《にお》い物質《ぶっしつ》が混《ま》じりあって、磯《いそ》の香《かお》りになっています。海《うみ》の生《い》き物《もの》がたくさんいる日本近海《にほんきんかい》は、匂《にお》い物質《ぶっしつ》がたくさんあるので強《つよ》い磯《いそ》の香《かお》りがします。反対《はんたい》に、生《い》き物《もの》の少《すく》ない海《うみ》はほとんど匂《にお》いがしません。

ハワイの海《うみ》は水温《すいおん》が高《たか》く、大《おお》きな川《かわ》もないため海水中《かいすいちゅう》の栄《えい》養分《ようぶん》が多《おお》くない。そのため日本近海《にほんきんかい》にくらべて生《い》き物《もの》が少《すく》なく、匂《にお》い物質《ぶっしつ》があまり生《う》まれないので磯《いそ》の香《かお》りも少《すく》ない。

04

潮《しお》の満《み》ち引《ひ》きの正体《しょうたい》は月《つき》と太陽《たいよう》が海《うみ》を引《ひ》っ張《ぱ》る力《ちから》

海《うみ》では、海水位《かいすいい》が一日《いちにち》に1～2回変《かいへん》化《か》します。「潮汐《ちょうせき》」とよばれる現象《げんしょう》で、いわゆる「潮《しお》の満《み》ち引《ひ》き」です。水位《すいい》が最《もっと》も高《たか》い状態《じょうたい》を「満潮《まんちょう》」、最《もっと》も低《ひく》い状態《じょうたい》を「干潮《かんちょう》」といいます。

潮汐《ちょうせき》を生《う》みだしているのは、月《つき》や太《たい》陽《よう》です。地球《ちきゅう》の、月《つき》の真下《ました》にあたる部《ぶ》分《ぶん》の海《うみ》は、月《つき》の引力《いんりょく》に引《ひ》っ張《ぱ》られて少《すこ》し盛《も》り上《あ》がります。また、地球《ちきゅう》の裏側《うらがわ》では、月《つき》に引《ひ》っ張《ぱ》られるのとは反対《はんたい》の方向《ほうこう》へ力《ちから》がはたらき、やはり海《うみ》が盛《も》り上《あ》がります。これが「満潮《まんちょう》」です。海《うみ》が盛《も》り上《あ》がった場所《ばしょ》ができると、その分《ぶん》、海水《かいすい》が足《た》りなくなって水位《すいい》が下《さ》がる場所《ばしょ》も出《で》てきます。これが「干潮《かんちょう》」です。

太陽《たいよう》にも、月《つき》の半分《はんぶん》ほどではありますが、潮汐《ちょうせき》をおこす力《ちから》があります。月《つき》と太陽《たいよう》と地球《ちきゅう》の位置《いち》が一直線《いっちょくせん》になる新《しん》月《げつ》や満月《まんげつ》のときは、月《つき》と太陽《たいよう》が同時《どうじ》に海水《かいすい》を引《ひ》っ張《ぱ》るので、水位《すいい》の変化《へんか》が大《おお》きくなります。これが「大潮《おおしお》」です。

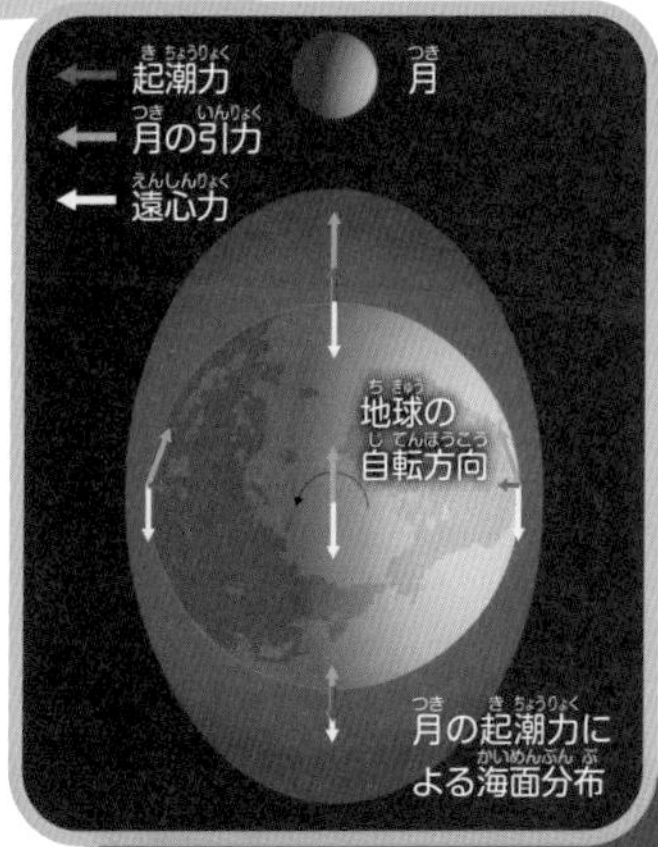
起潮力《きちょうりょく》
月《つき》
月《つき》の引力《いんりょく》
遠心力《えんしんりょく》
地球《ちきゅう》の
自転方向《じてんほうこう》
月《つき》の起潮力《きちょうりょく》に
よる海面分布《かいめんぶんぷ》

こう見《み》えて
力持《ちからも》ち…

潮《しお》を満《み》ち引《ひ》きさせる力《ちから》「起潮力《きちょうりょく》」

地球《ちきゅう》と月《つき》は、引力《いんりょく》でたがいに引《ひ》っ張《ぱ》りあいながら回転《かいてん》している。これにより、地球《ちきゅう》には月《つき》と反対方向《はんたいほうこう》へ遠心力《えんしんりょく》が生《う》まれる。この遠心力《えんしんりょく》と月《つき》の引力《いんりょく》を足《た》し合《あ》わせた力《ちから》が「起潮力《きちょうりょく》」、つまり潮《しお》の満《み》ち引《ひ》きを生《う》みだす力《ちから》だ。

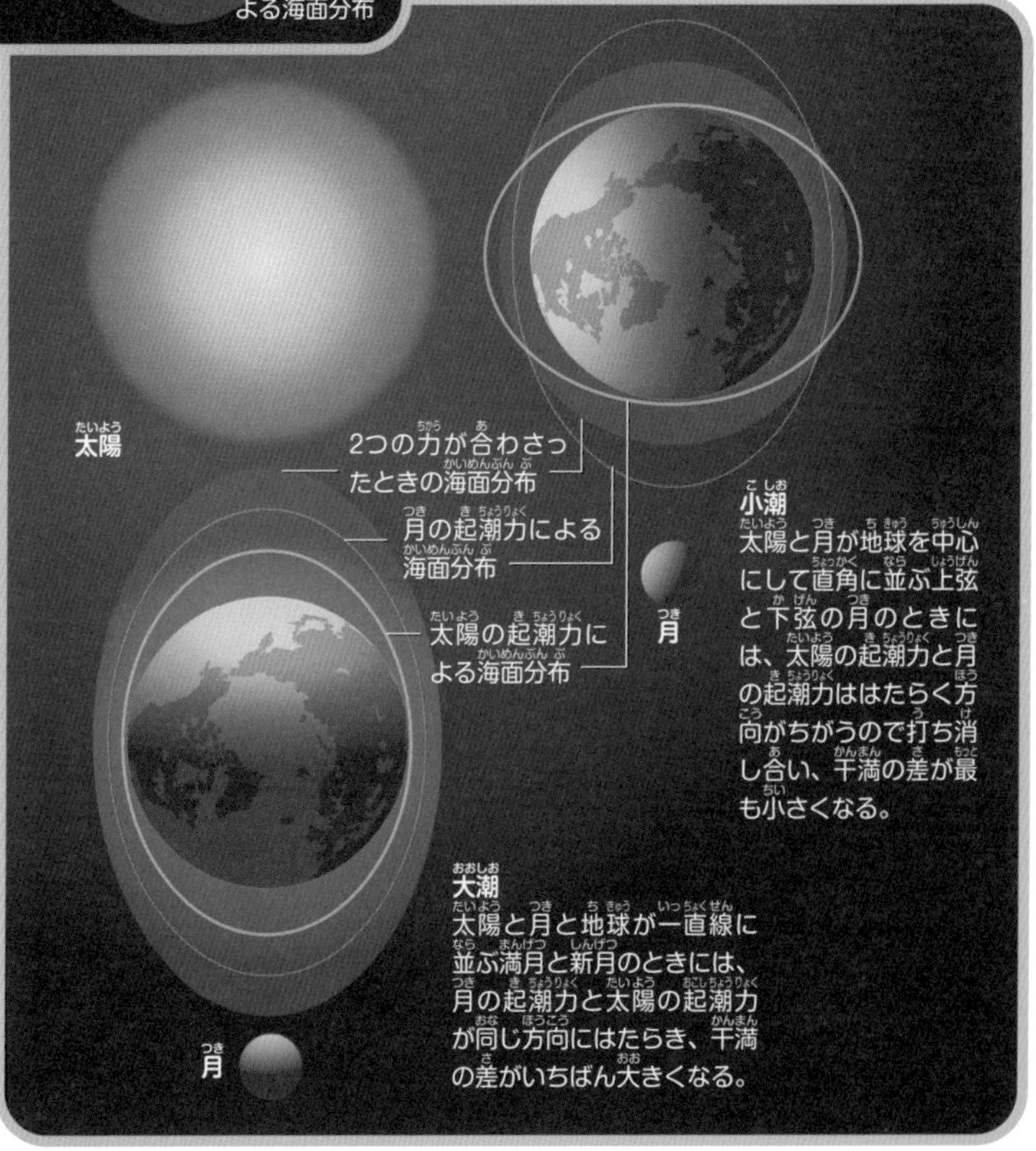
太陽《たいよう》
2つの力《ちから》が合《あ》わさったときの海面分布《かいめんぶんぷ》
月《つき》の起潮力《きちょうりょく》による海面分布《かいめんぶんぷ》
太陽《たいよう》の起潮力《きちょうりょく》による海面分布《かいめんぶんぷ》
月《つき》
月《つき》

小潮《こしお》
太陽《たいよう》と月《つき》が地球《ちきゅう》を中心《ちゅうしん》にして直角《ちょっかく》に並《なら》ぶ上弦《じょうげん》と下弦《かげん》の月《つき》のときには、太陽《たいよう》の起潮力《きちょうりょく》と月《つき》の起潮力《きちょうりょく》ははたらく方向《ほうこう》がちがうので打《う》ち消《け》し合《あ》い、干満《かんまん》の差《さ》が最《もっと》も小《ちい》さくなる。

大潮《おおしお》
太陽《たいよう》と月《つき》と地球《ちきゅう》が一直線《いっちょくせん》に並《なら》ぶ満月《まんげつ》と新月《しんげつ》のときには、月《つき》の起潮力《きちょうりょく》と太陽《たいよう》の起潮力《おこしちょうりょく》が同《おな》じ方向《ほうこう》にはたらき、干満《かんまん》の差《さ》がいちばん大《おお》きくなる。

もっと知《し》りたい

世界《せかい》で最《もっと》も干満差《かんまんさ》が大《おお》きいのはカナダのファンディ湾《わん》で、その差《さ》は15メートル。

世界中《せかいじゅう》の海《うみ》を海流《かいりゅう》がめぐっている

海流《かいりゅう》とは、いつもだいたい同《おな》じ方向《ほうこう》に流《なが》れている海水《かいすい》の流《なが》れのことです。地球《ちきゅう》の海《うみ》には、大《おお》きなものから小《ちい》さなものまで、さまざまな規模《きぼ》の海流《かいりゅう》があります。

海流《かいりゅう》には、海《うみ》の深《ふか》い部分《ぶぶん》を流《なが》れているものもありますが、ここでは海《うみ》の表面近《ひょうめんちか》くを流《なが》れているものについて紹介《しょうかい》します。

地球上《ちきゅうじょう》では、北半球《きたはんきゅう》では時計《とけい》まわりに、南半球《みなみはんきゅう》では半時計《はんとけい》まわり

世界《せかい》の主要《しゅよう》な海流《かいりゅう》

暖流《だんりゅう》はオレンジ色《いろ》、寒流《かんりゅう》は青色《あおいろ》でえがいている。日本《にほん》の南岸《なんがん》を流《なが》れる「黒潮《くろしお》」やアメリカの東岸《とうがん》を流《なが》れる「湾流《わんりゅう》（メキシコ湾流《わんりゅう》）」などは、流量《りゅうりょう》が多《おお》く流速《りゅうそく》も速《はや》い海流《かいりゅう》であり、世界的《せかいてき》にもその名《な》がよく知《し》られている。地域《ちいき》ごとに細《こま》かくみれば、ここで示《しめ》したもの以外《いがい》にもたくさんの海流《かいりゅう》がある。

に流《なが》れている海流《かいりゅう》が目立《めだ》ちます。海流《かいりゅう》は、川《かわ》の流《なが》れのように上流《じょうりゅう》から下流《かりゅう》へ1回流《かいなが》れておしまいというわけではなく、1度流《どなが》れ去《さ》った海水《かいすい》が、広《ひろ》い海《うみ》をひとめぐりしてまたもどってくるという、大規模《だいきぼ》な循環《じゅんかん》システムがおきています。

海流《かいりゅう》のうち、大気《たいき》を温《あたた》めるものを「暖流《だんりゅう》」、大気《たいき》から熱《ねつ》をうばうものを「寒流《かんりゅう》」とよぶことがあります。海流《かいりゅう》によってもたらされる地球環境《ちきゅうかんきょう》の変化《へんか》については、134ページなどで紹介《しょうかい》しています。

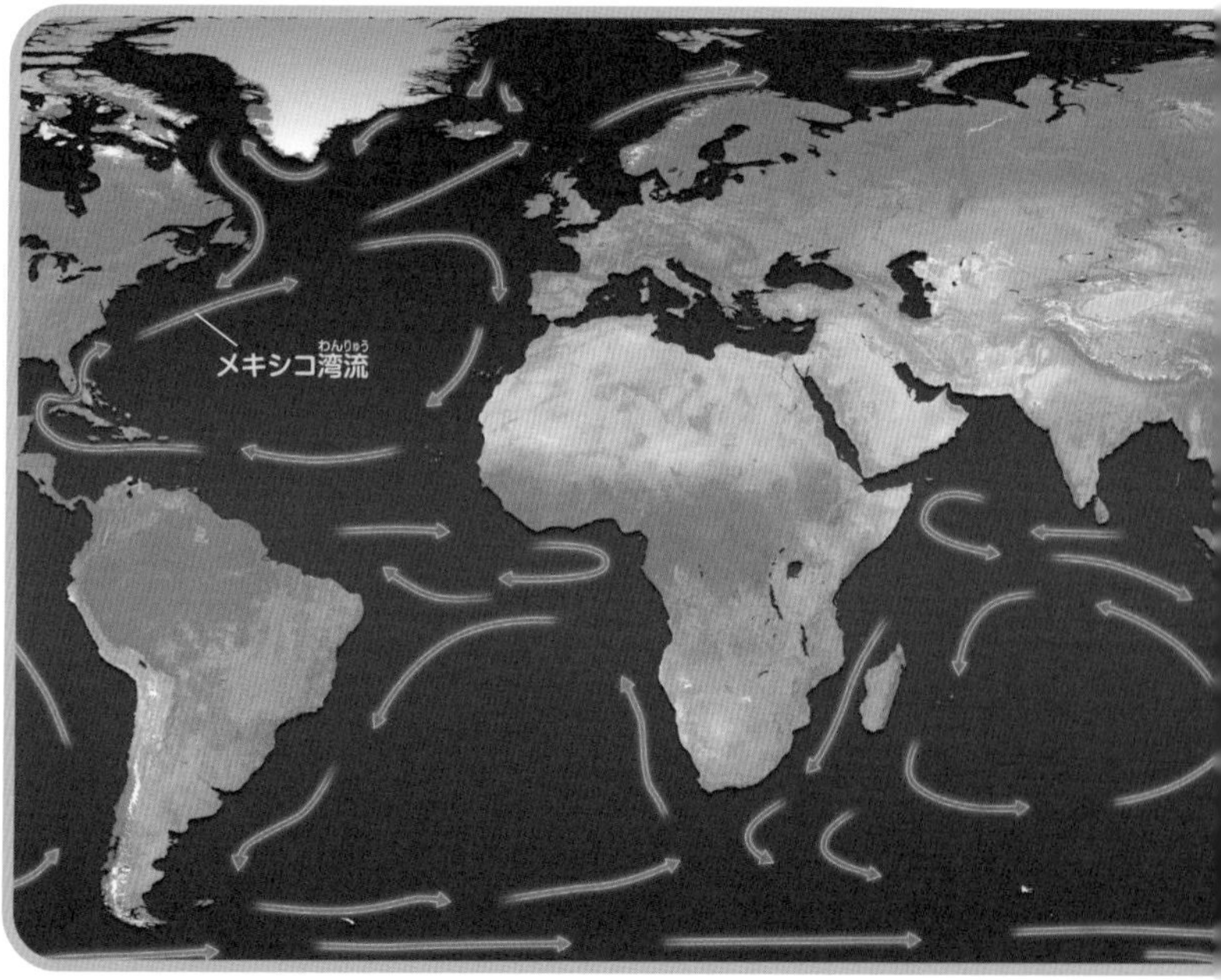

もっと知《し》りたい

「黒潮《くろしお》」は、海水中《かいすいちゅう》に栄養分《えいようぶん》が少《すく》なく、澄《す》んで青黒《あおぐろ》く見《み》えることが名前《なまえ》の由来《ゆらい》。

06 海水《かいすい》は長《なが》い時間《じかん》をかけて縦《たて》に循環《じゅんかん》している

海《うみ》には、海面近《かいめんちか》くから深海《しんかい》へ、そして深海《しんかい》から海面近《かいめんちか》くへ循環《じゅんかん》している流《なが》れがあります。これを「深層循環《しんそうじゅんかん》」または「熱塩循環《ねつえんじゅんかん》」とよびます。

海水《かいすい》は、場所《ばしょ》によって水温《すいおん》や塩《しお》の濃《こ》さがちがいます。水温《すいおん》が4℃に近《ちか》いほど、あるいは塩《しお》が濃《こ》いほど、海水《かいすい》は密《みつ》度《ど》が大《おお》きくなります。密度《みつど》が大《おお》きい海《かい》水《すい》は重《おも》いので、沈《しず》もうとします。逆《ぎゃく》に、密度《みつど》が低《ひく》い海水《かいすい》は軽《かる》いので浮《う》かぼうとします。

ふつう、海水《かいすい》は海面《かいめん》に近《ちか》いほど温《あたた》かく、海底《かいてい》に行《い》くほど冷《つめ》たくなっています。しかし、北極《ほっきょく》や南極《なんきょく》に近《ちか》い寒《さむ》い地《ち》域《いき》では、海水《かいすい》から空気中《くうきちゅう》へどんどん熱《ねつ》がうばわれ、水温《すいおん》が下《さ》がっていきます。すると、海面近《かいめんちか》くの海水《かいすい》は密度《みつど》が高《たか》くなって沈《しず》みこんでいきます。

そうして深海《しんかい》に沈《しず》んでいった海水《かいすい》は、長《なが》い時間《じかん》をかけて海《うみ》の上《うえ》のほうの海水《かいすい》に温《あたた》められ、ゆっくりと海面近《かいめんちか》くにもどってくるのです。

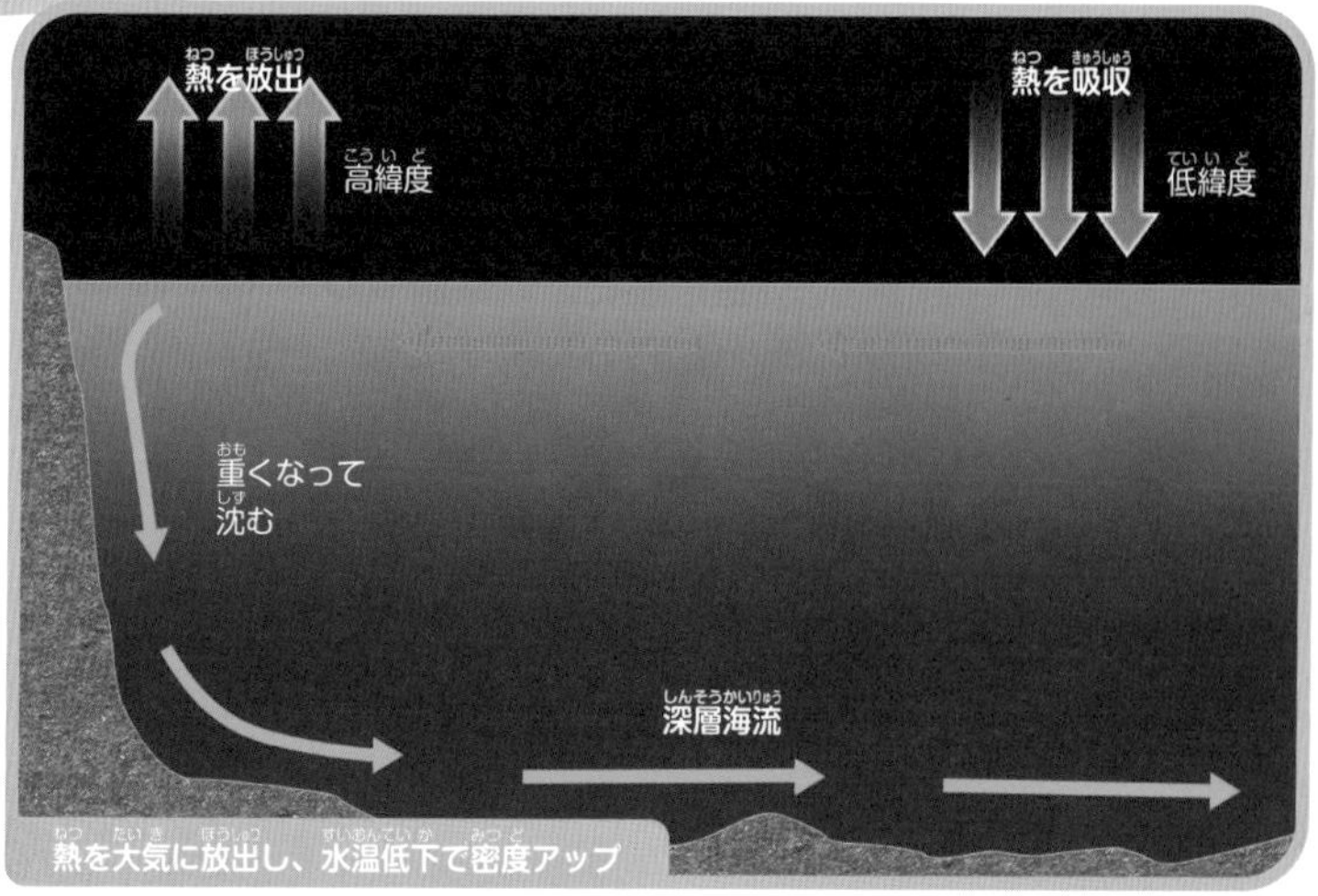

熱《ねつ》を大気《たいき》に放出《ほうしゅつ》し、水温低下《すいおんていか》で密度《みつど》アップ

赤道《せきどう》に近《ちか》い低緯度地域《ていいどちいき》では、海《うみ》は大気《たいき》から熱《ねつ》をうばうが、北極《ほっきょく》や南極《なんきょく》に近《ちか》い高緯度地域《こういどちいき》では、大気《たいき》に熱《ねつ》を放出《ほうしゅつ》する。北大西洋《きたたいせいよう》の北部《ほくぶ》では、大気中《たいきちゅう》に熱《ねつ》を放出《ほうしゅつ》することで表層《ひょうそう》の海水《かいすい》が冷《ひ》えて密度《みつど》が大《おお》きくなり、深海《しんかい》へと沈《しず》みこんでいる。

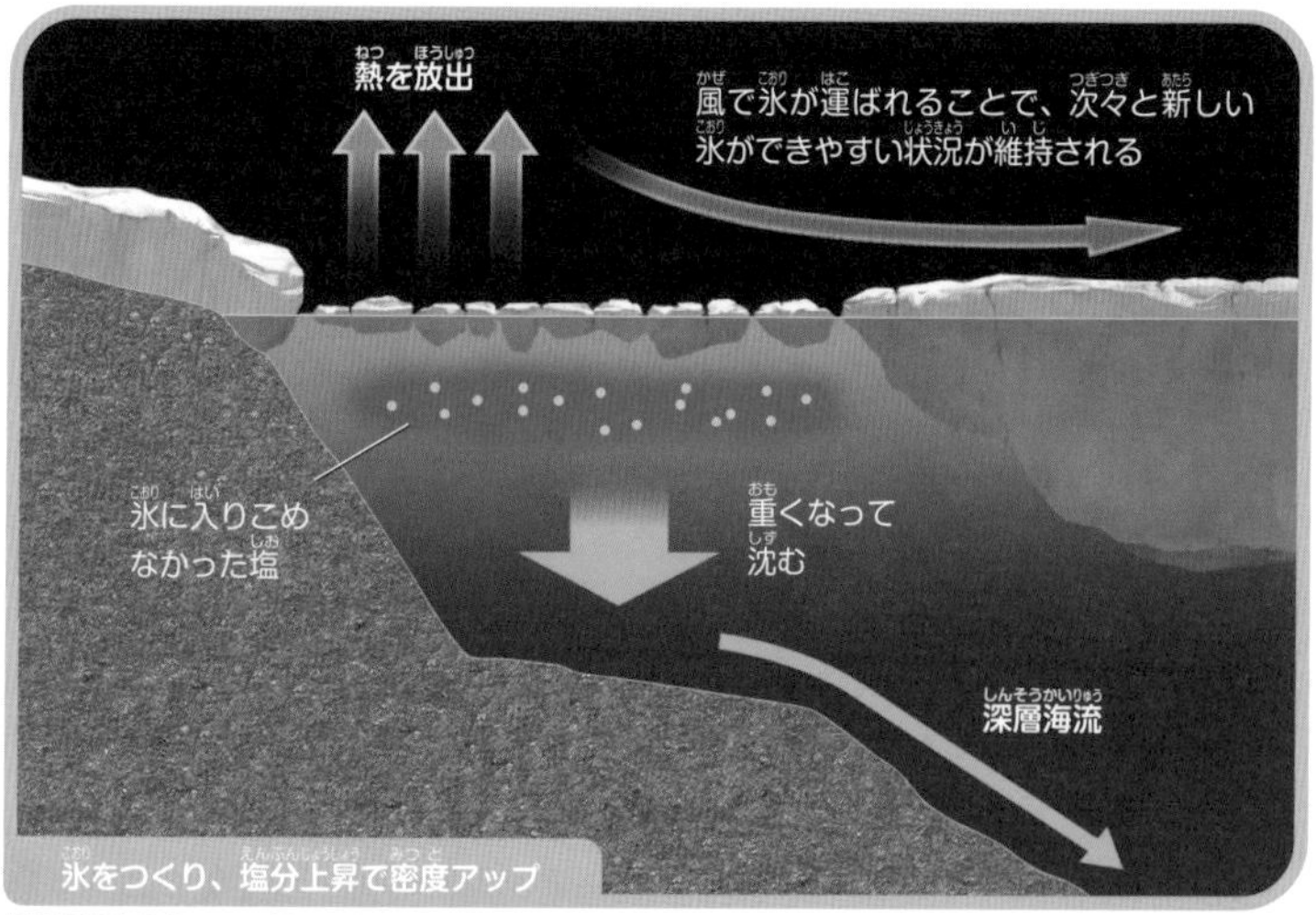

氷《こおり》をつくり、塩分上昇《えんぶんじょうしょう》で密度《みつど》アップ

南極大陸周辺《なんきょくたいりくしゅうへん》では、海《うみ》の表面《ひょうめん》が凍《こお》ることが熱塩循環《ねつえんじゅんかん》の助《たす》けとなっている。海水《かいすい》が凍《こお》ると、塩《しお》は氷《こおり》の中《なか》にはほとんど入《い》りこめない。そのため氷《こおり》の周辺《しゅうへん》の海水《かいすい》は、冷《ひ》やされるだけでなく、塩《しお》が濃《こ》くなる効果《こうか》も加《くわ》わって密度《みつど》が増《ま》し、深海《しんかい》へと沈《しず》みこんでいく。

もっと知《し》りたい

大西洋《たいせいよう》の海面近《かいめんちか》くの海水《かいすい》は、ほかの海域《かいいき》より塩《しお》が濃《こ》い。

07

沖合《おきあい》に吹《ふ》いた風《かぜ》が浜辺《はまべ》の波《なみ》をつくる

海《うみ》といえば、絶《た》え間《ま》なく打《う》ち寄《よ》せる波《なみ》を想像《そうぞう》する人《ひと》もいるでしょう。波《なみ》は、どうやってできるのでしょうか。

海岸《かいがん》に打《う》ち寄《よ》せる波《なみ》のほとんどは、沖合《おきあい》で吹《ふ》いた風《かぜ》がおこしたものです。こうした波《なみ》は、「風波《ふうは》」とよばれています。

まず、強弱《きょうじゃく》がバラバラな風《かぜ》が海《うみ》の上《うえ》に吹《ふ》いて、小《ちい》さな波《なみ》ができます。そのまま風《かぜ》が吹《ふ》きつづける

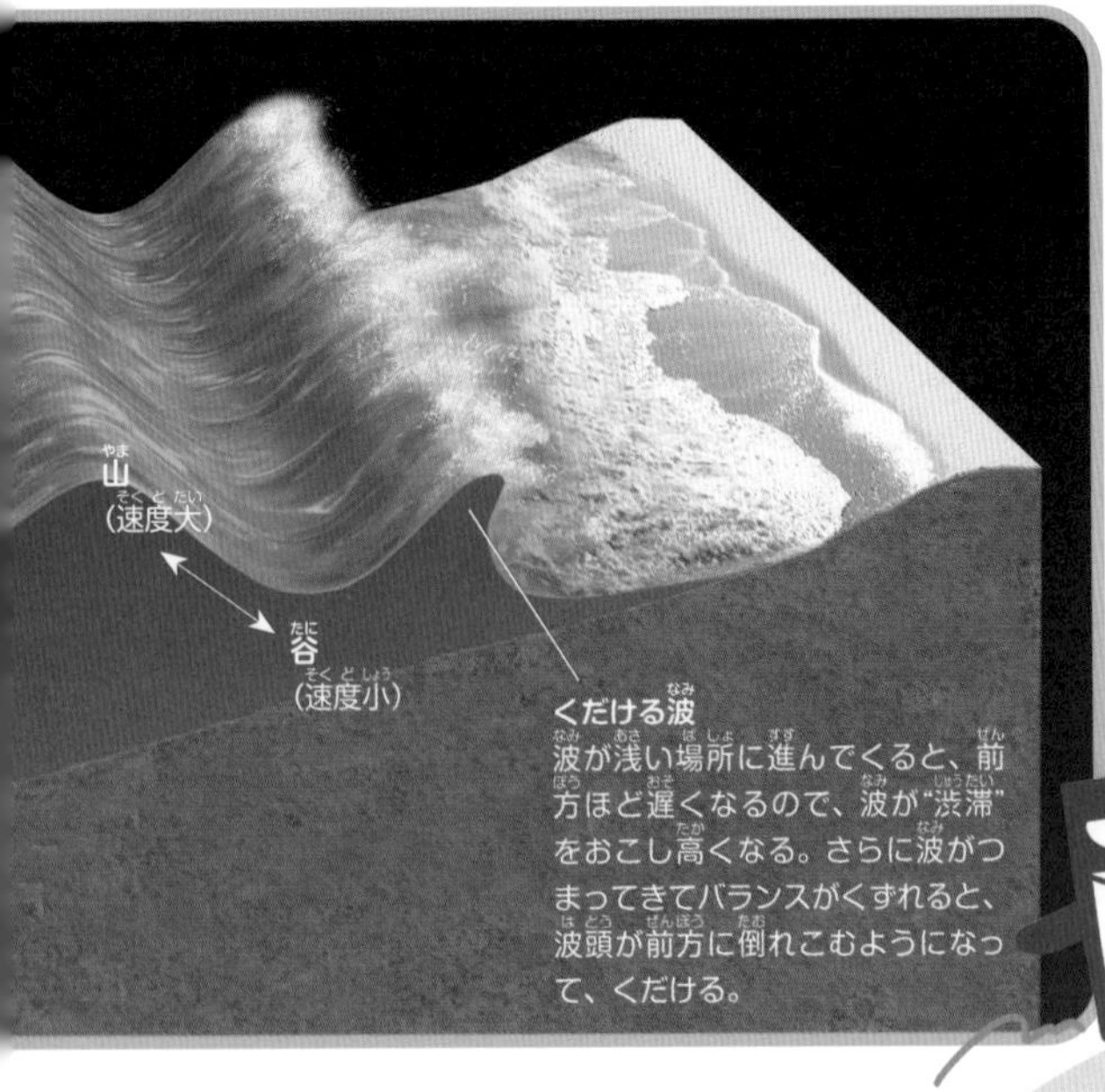
山《やま》
(速度大《そくどだい》)
谷《たに》
(速度小《そくどしょう》)
くだける波《なみ》
波《なみ》が浅《あさ》い場所《ばしょ》に進《すす》んでくると、前《ぜん》方《ぽう》ほど遅《おそ》くなるので、波《なみ》が“渋滞《じゅうたい》”をおこし高《たか》くなる。さらに波《なみ》がつまってきてバランスがくずれると、波頭《はとう》が前方《ぜんぽう》に倒《たお》れこむようになって、くだける。

どんな波《なみ》もお手《て》のもの!

と、しだいに波《なみ》は大《おお》きくなり、とがった形《かたち》の波頭《はとう》をもつ「風浪《ふうろう》」となります。

風《かぜ》が吹《ふ》いている場所《ばしょ》を抜《ぬ》けると、風浪《ふうろう》は丸《まる》みを帯《お》びた「うねり」になります。うねりはスピードが速《はや》く、ほとんど小《ちい》さくならないまま遠《とお》くまで進《すす》みます。

うねりが海岸近《かいがんちか》くまで来《く》ると、水深《すいしん》が浅《あさ》くなるところで一気《いっき》に波《なみ》が高《たか》くなり、くだけてなくなります。私《わたし》たちが海岸《かいがん》で見《み》ているのは、長《なが》い旅《たび》をしてきた波《なみ》の最後《さいご》の姿《すがた》なのです。

風波《ふうは》が生《う》まれるしくみ

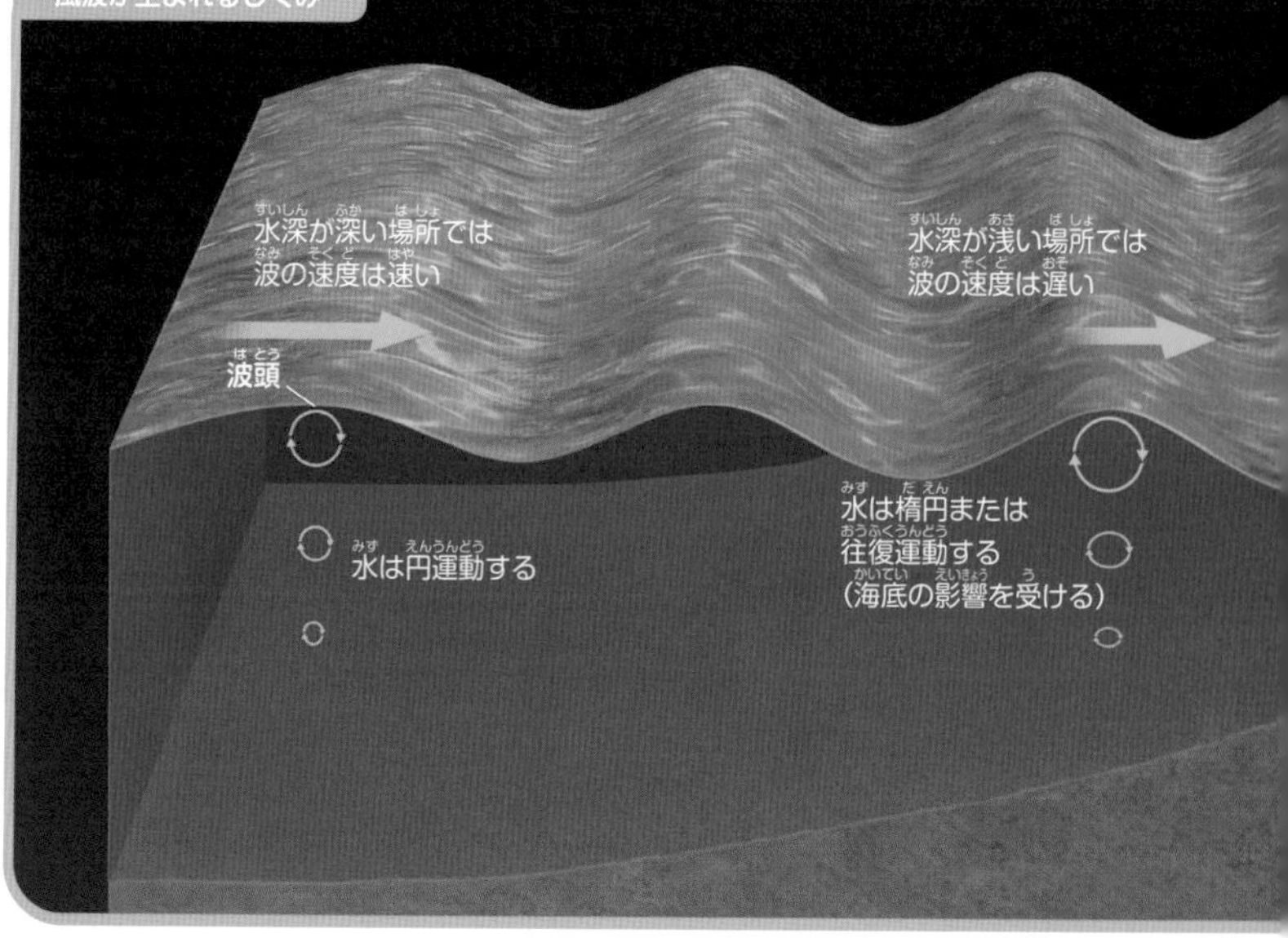
水深《すいしん》が深《ふか》い場所《ばしょ》では
波《なみ》の速度《そくど》は速《はや》い
波頭《はとう》
水《みず》は円運動《えんうんどう》する
水深《すいしん》が浅《あさ》い場所《ばしょ》では
波《なみ》の速度《そくど》は遅《おそ》い
水《みず》は楕円《だえん》または
往復運動《おうふくうんどう》する
（海底《かいてい》の影響《えいきょう》を受《う》ける）

もっと知《し》りたい

海岸《かいがん》では、岸《きし》に打《う》ち寄《よ》せた海水《かいすい》が沖《おき》へもどろうとする「離岸流《りがんりゅう》」が発生《はっせい》する。

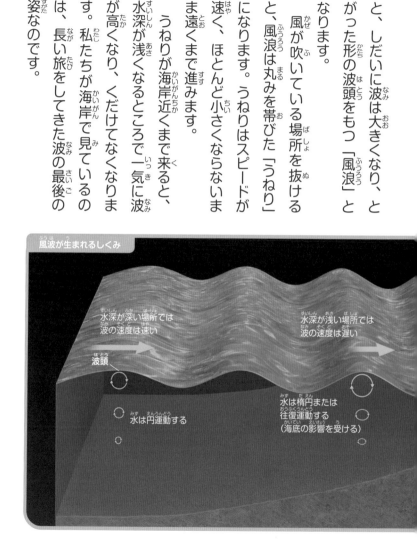

08 海《うみ》から空《そら》へのぼる水蒸気《すいじょうき》が大気《たいき》を動《うご》かす

海《うみ》の水《みず》は、実《じつ》は少《すこ》しずつ蒸発《じょうはつ》しています。水《みず》が蒸発《じょうはつ》すると、水蒸気《すいじょうき》といっしょに熱《ねつ》が出《で》ていきます。水蒸気《すいじょうき》は上《じょう》空《くう》で冷《ひ》えて細《こま》かい水滴《すいてき》になり、「雲《くも》」になります。このとき、熱《ねつ》は空気中《くうきちゅう》ににげていき、まわりの大気《たいき》の温度《おんど》は上《あ》がります。つまり、海《うみ》は大気《たいき》を温《あたた》めているのです。

さて、夏《なつ》の砂浜《すなはま》は火傷《やけど》しそうになるくらい熱《あつ》いのに、海《うみ》に入《はい》るとひんやりした、という経験《けいけん》はありませんか。これは、海水《かいすい》が空気《くうき》より温《あたた》まりにくいためです。反対《はんたい》に寒《さむ》い場合《ばあい》でも、海水《かいすい》は空気《くうき》ほどすぐには冷《ひ》えません。このことは、海水《かいすい》には熱《ねつ》をためやすい性質《せいしつ》があることを意味《いみ》します。

海水《かいすい》に温《あたた》められた大気《たいき》は、密度《みつど》が低《ひく》くなり、上昇《じょうしょう》します。空気《くうき》が上昇《じょうしょう》する場所《ばしょ》はほかよりも気圧《きあつ》が低《ひく》くなるので、まわりの気圧《きあつ》が高《たか》いところから空《くう》気《き》が流《なが》れこんできます。こうして、海《うみ》の熱《ねつ》が、大気《たいき》を動《うご》かしているのです。

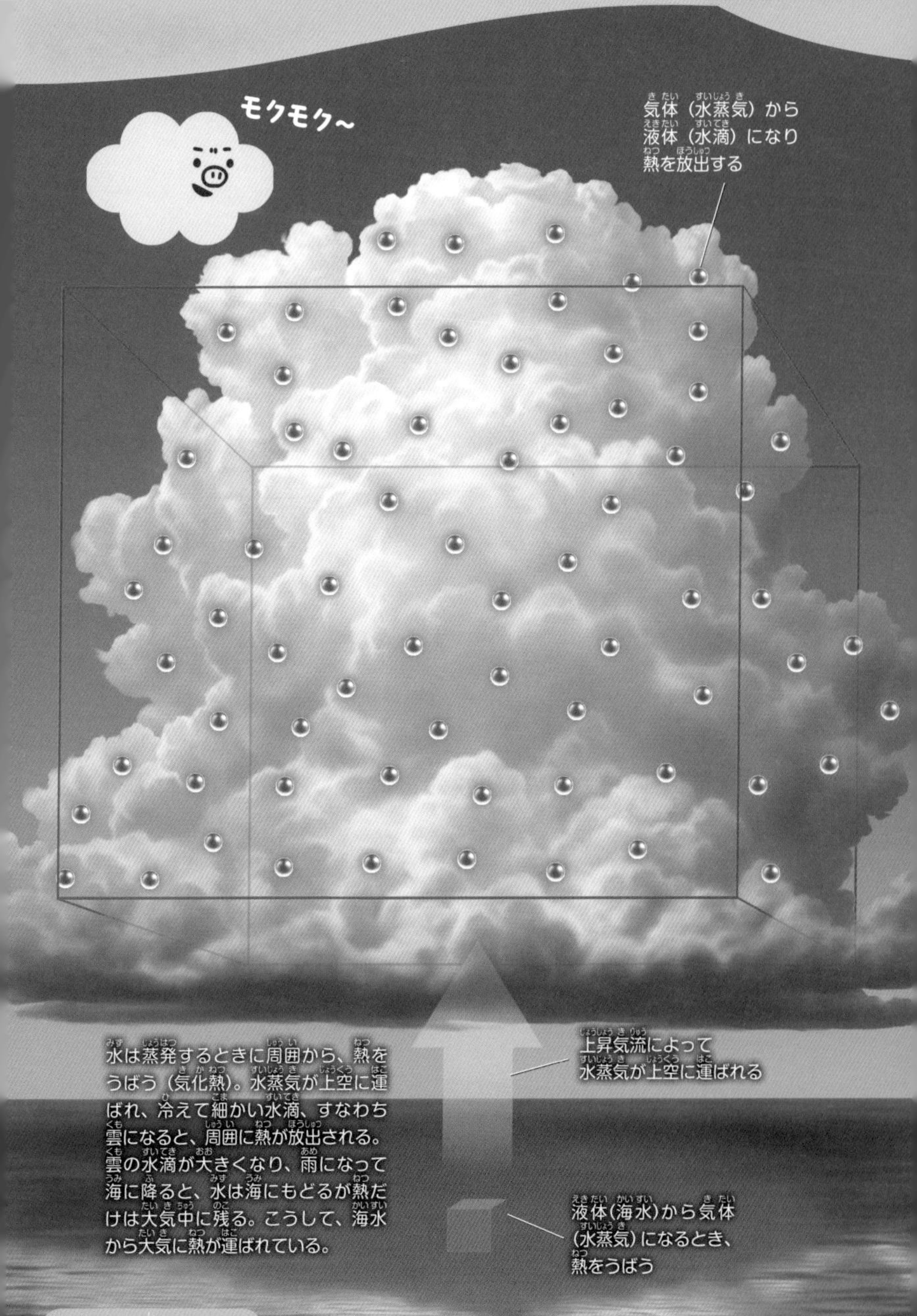
モクモク～
気体《きたい》（水蒸気《すいじょうき》）から
液体《えきたい》（水滴《すいてき》）になり
熱《ねつ》を放出《ほうしゅつ》する
上昇気流《じょうしょうきりゅう》によって
水蒸気《すいじょうき》が上空《じょうくう》に運《はこ》ばれる
液体《えきたい》(海水《かいすい》)から気体《きたい》
(水蒸気《すいじょうき》)になるとき、
熱《ねつ》をうばう

水《みず》は蒸発《じょうはつ》するときに周囲《しゅうい》から、熱《ねつ》をうばう（気化熱《きかねつ》）。水蒸気《すいじょうき》が上空《じょうくう》に運《はこ》ばれ、冷《ひ》えて細《こま》かい水滴《すいてき》、すなわち雲《くも》になると、周囲《しゅうい》に熱《ねつ》が放出《ほうしゅつ》される。雲《くも》の水滴《すいてき》が大《おお》きくなり、雨《あめ》になって海《うみ》に降《ふ》ると、水《みず》は海《うみ》にもどるが熱《ねつ》だけは大気中《たいきちゅう》に残《のこ》る。こうして、海水《かいすい》から大気《たいき》に熱《ねつ》が運《はこ》ばれている。

もっと知《し》りたい

風呂《ふろ》あがりなどにぬれた体《からだ》が冷《ひ》えるのも、気化熱《きかねつ》が原因《げんいん》。

09 プレートによってできる〝海《うみ》の山《やま》〟と〝海《うみ》の谷《たに》〟

地球《ちきゅう》の表面《ひょうめん》は、合計《ごうけい》10数枚《すうまい》の「プレート」というかたい岩盤《がんばん》でおおわれています。プレートは、毎年数《まいとしすう》センチメートルの速《はや》さで移動《いどう》しています。プレートが移動《いどう》する方向《ほうこう》はそれぞれちがうので、プレートどうしの境目《さかいめ》は、はなれるか、衝突《しょうとつ》するか、すれちがうかの3タイプに分《わ》けることができます。

プレートは、地球《ちきゅう》の地下深《ちかふか》くにあるマントルの最上層《さいじょうそう》と、冷《ひ》えてかたくなったマグマでできており、海《うみ》の底《そこ》にある「中央海嶺《ちゅうおうかいれい》」で生《う》まれます。中央海《ちゅうおうかい》嶺《れい》は、山脈《さんみゃく》が連《つら》なったような地形《ちけい》になっています。

中央海嶺《ちゅうおうかいれい》で生《う》まれたプレートは、「海溝《かいこう》」や「トラフ」から地球《ちきゅう》の深部《しんぶ》へ沈《しず》みこんでいきます。2つのプレートがぶつかって大《おお》きく下《した》へたわむので、深《ふか》い谷《たに》のような地形《ちけい》になります。プレートが大陸《たいりく》の下《した》へ沈《しず》みこむ位置《いち》では、大地震《だいじしん》が発生《はっせい》する可能性《かのうせい》があるので、警戒《けいかい》されています。

中央海嶺《ちゅうおうかいれい》

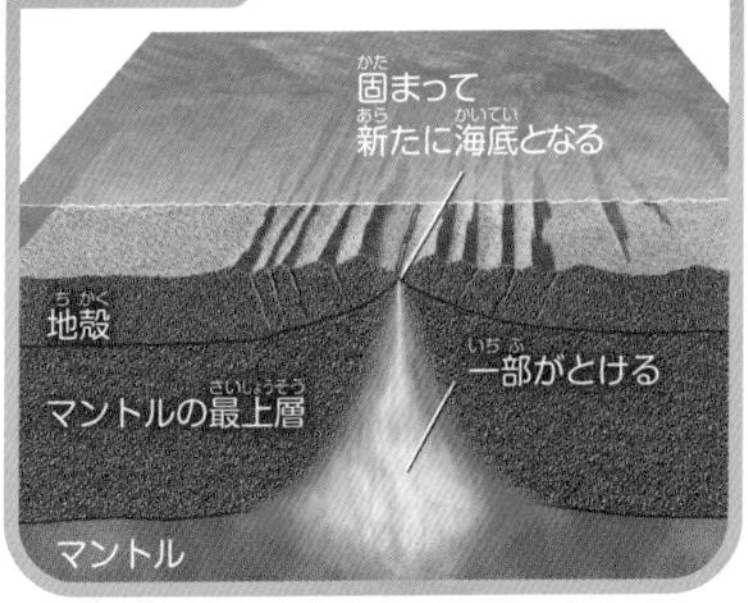
固《かた》まって
新《あら》たに海底《かいてい》となる
地殻《ちかく》
一部《いちぶ》がとける
マントルの最上層《さいじょうそう》
マントル

プレートが移動《いどう》して海底《かいてい》に割《わ》れ目《め》ができ、マントルの一部《いちぶ》が上昇《じょうしょう》する。このとき、一部《いちぶ》のマントルがとけてマグマになり、冷《ひ》えかたまってプレートとなる。

海溝《かいこう》・トラフ

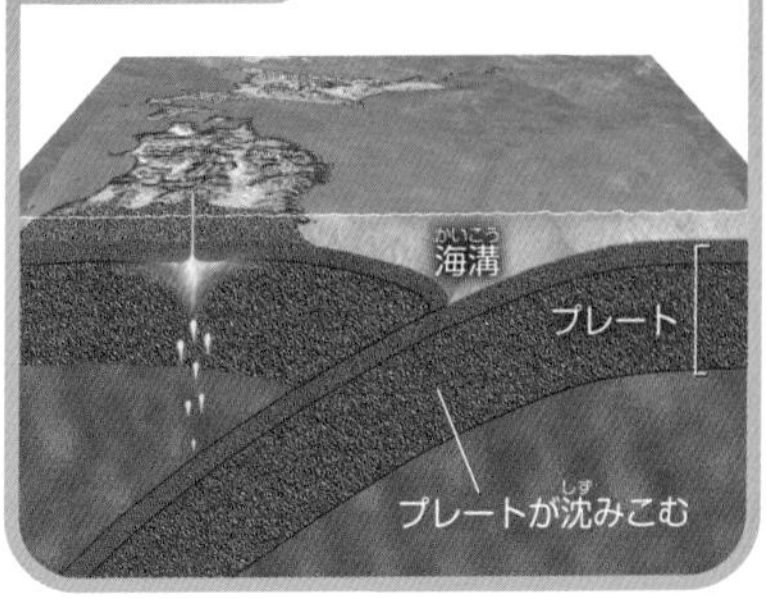
海溝《かいこう》
プレート
プレートが沈《しず》みこむ

プレートどうしがぶつかり合《あ》う場所《ばしょ》では、重《おも》い方《ほう》のプレートが軽《かる》い方《ほう》のプレートの下《した》に沈《しず》みこみ、深《ふか》い溝《みぞ》のような地形《ちけい》になる。また、海溝《かいこう》やトラフのある地域一帯《ちいきいったい》を「沈《しず》みこみ帯《たい》」とよぶ。

プレート境界地震《きょうかいじしん》のメカニズム

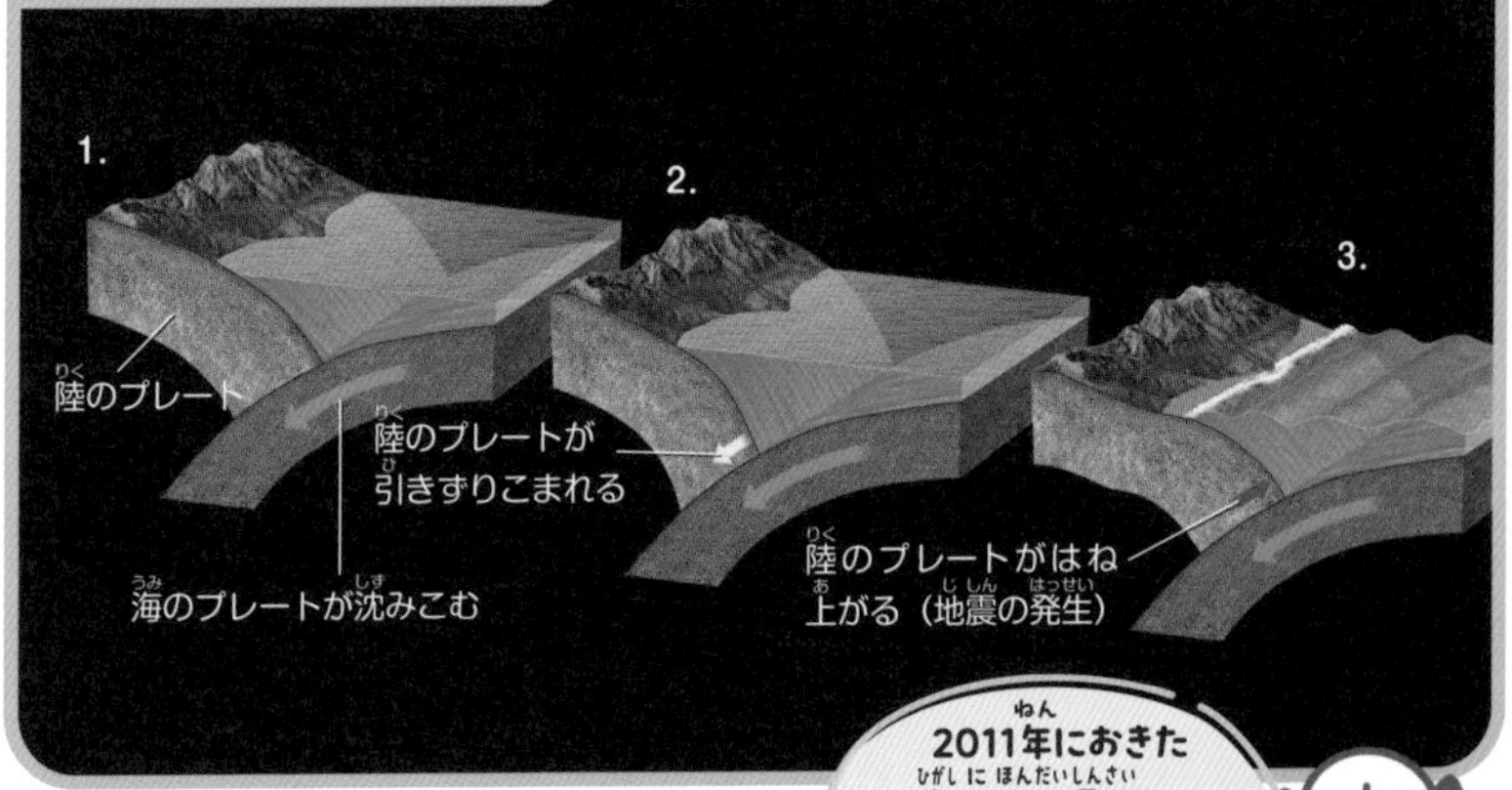
1.
2.
3.
陸《りく》のプレート
陸《りく》のプレートが
引《ひ》きずりこまれる
海《うみ》のプレートが沈《しず》みこむ
陸《りく》のプレートがはね
上《あ》がる（地震《じしん》の発生《はっせい》）

1 海《うみ》のプレートが陸《りく》のプレートの下《した》に沈《しず》みこんでいく。
2 陸《りく》のプレートが引《ひ》きずられていっしょに沈《しず》みこむ。
3 限界《げんかい》をこえたとき、陸《りく》のプレートが元《もと》の位置《いち》にもどろうとはね上《あ》がり、地震《じしん》がおきる。

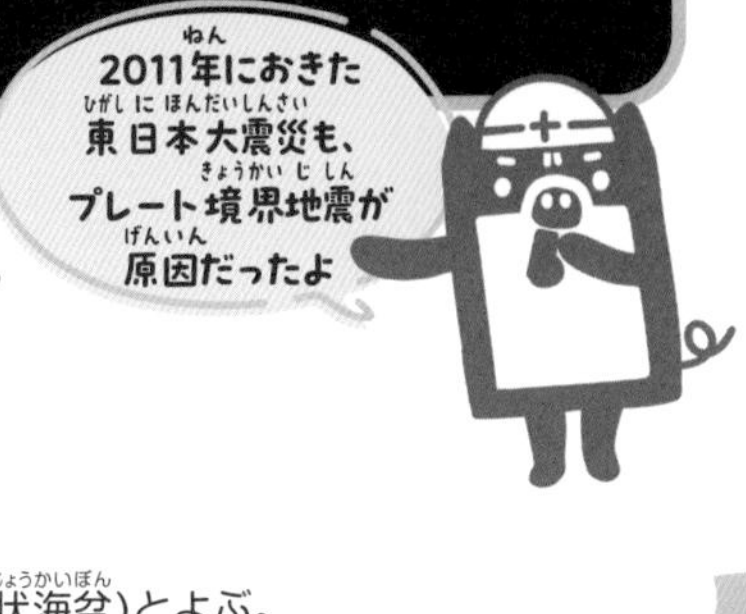
2011年《ねん》におきた
東日本大震災《ひがしにほんだいしんさい》も、
プレート境界地震《きょうかいじしん》が
原因《げんいん》だったよ

もっと知《し》りたい

海溝《かいこう》よりも浅《あさ》く、幅《はば》が広《ひろ》い場所《ばしょ》をトラフ(舟状海盆《しゅうじょうかいぼん》)とよぶ。

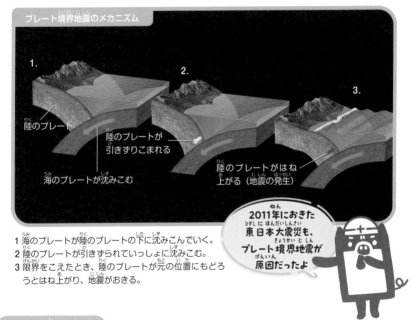

10 海底《かいてい》の火山活動《かざんかつどう》が島々《しまじま》を生《う》んだ

火山《かざん》といえば陸上《りくじょう》にあるイメージが強《つよ》いかもしれませんが、実《じつ》は海底《かいてい》にもあります。海底火山《かいていかざん》の噴火《ふんか》によって新《あら》たに島《しま》が生《う》まれることもあります。

たとえば、ハワイ島《とう》は火山《かざん》から噴《ふ》き出《だ》したマグマによってできた島《しま》です。ハワイ島《とう》の地下《ちか》には、地球《ちきゅう》の深部《しんぶ》からマントルが上昇《じょうしょう》する場所《ばしょ》があり、マグマが噴《ふ》き出《だ》しつづけています。こうした場所《ばしょ》を「ホットスポット」といいます。ホットスポットの上《うえ》にあるハワイには、キラウェア火山《かざん》など、今《いま》でも活発《かっぱつ》な活動《かつどう》をつづける火山《かざん》があります。

日本《にほん》では、2013年《ねん》に小笠原諸島《おがさわらしょとう》の西之島《にしのしま》のそばで海底火山《かいていかざん》が噴火《ふんか》し、マグマが島《しま》をのみこんで大《おお》きくなりました。また、2023年《ねん》10月《がつ》には、硫黄島《いおうとう》のそばに新《あたら》しい島《しま》が出現《しゅつげん》しました。この島《しま》は、噴火活動《ふんかかつどう》がおさまれば消《き》えてしまうかもしれませんが、今後《こんご》も海《うみ》のあちこちに新《あたら》しい島《しま》ができる可能性《かのうせい》があります。

海《うみ》の底《そこ》でも火山《かざん》
は噴火《ふんか》するよ！

ホットスポット

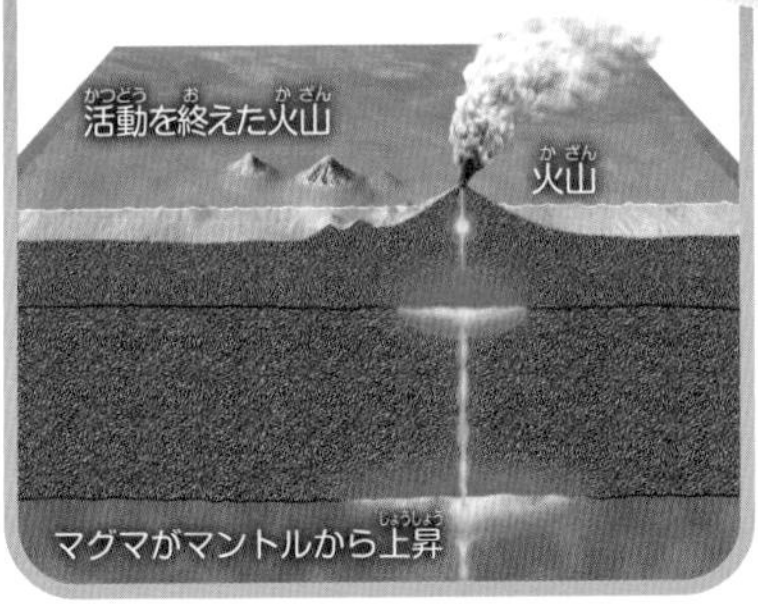
活動《かつどう》を終《お》えた火山《かざん》
火山《かざん》
マグマがマントルから上昇《じょうしょう》

同《おな》じ地点《ちてん》につづけてマントルからマグマが噴《ふ》き上《あ》がっている場所《ばしょ》。マグマはプレート（→38ページ）を貫通《かんつう》し、その上《うえ》に火山《かざん》をつくる。その後《ご》、プレートが移動《いどう》することで火山《かざん》は細長《ほそなが》くなっていく。

キラウェア火山《かざん》のマグマ

キラウェア火山《かざん》からマグマが太平洋《たいへいよう》に流《なが》れ出《で》るようす。「キラウェア」とはハワイ語《ご》で「噴《ふ》き出《だ》す」を意味《いみ》しており、溶岩《ようがん》を多《おお》く噴出《ふんしゅつ》する火山《かざん》であることから名《な》づけられた。

もっと知《し》りたい

マグマが地表《ちひょう》や海底上《かいていじょう》に出《で》たものを「溶岩《ようがん》」とよぶ。

やすみじかん

宇宙《うちゅう》にも海《うみ》がある？

　地球以外《ちきゅういがい》の星《ほし》に、海《うみ》はあるのでしょうか？木星《もくせい》の衛星《えいせい》エウロパの表面《ひょうめん》は、厚《あつ》い氷《こおり》でおおわれていますが、液体《えきたい》が噴《ふ》き出《だ》した跡《あと》が見《み》つかっています。そのため、氷《こおり》の内側《うちがわ》には、氷《こおり》がとけて液体《えきたい》となった海《うみ》があるのではないかと推測《すいそく》されています。

　ほかに、土星《どせい》の衛星《えいせい》「エンケラドス」も、地下《ちか》に水《みず》があるのではないかとされています。

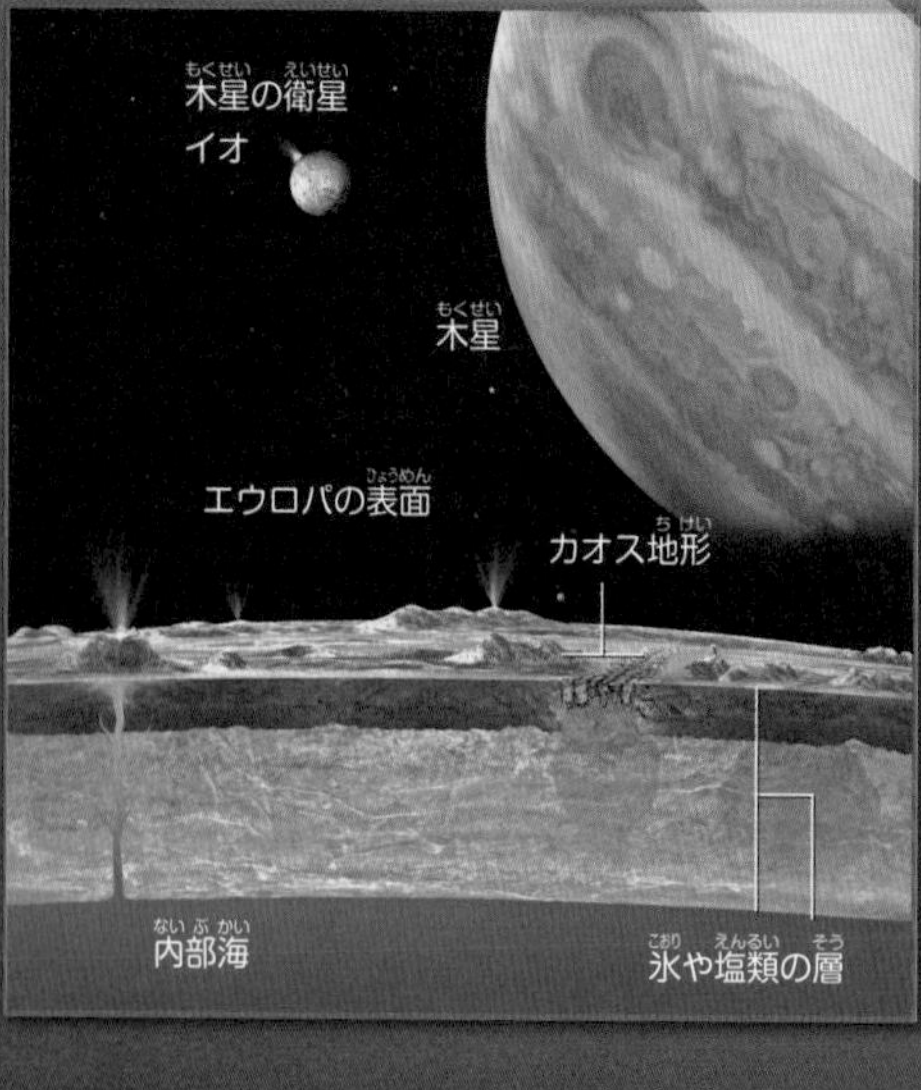
木星《もくせい》の衛星《えいせい》
イオ
木星《もくせい》
エウロパの表面《ひょうめん》
カオス地形《ちけい》
内部海《ないぶかい》
氷《こおり》や塩類《えんるい》の層《そう》

エウロパの海《うみ》の想像図《そうぞうず》
エウロパ表面《ひょうめん》の氷《こおり》の層《そう》の下《した》に、大《おお》きな内部海《ないぶかい》をえがいた想像図《そうぞうず》。エウロパの表面《ひょうめん》の約《やく》4分《ぶん》の1には、氷《こおり》の亀裂《きれつ》などからなる「カオス地形《ちけい》」とよばれる地形《ちけい》がある。このカオス地形《ちけい》から酸素《さんそ》を含《ふく》む水《みず》が内部海《ないぶかい》まで流《なが》れこんでいる可能性《かのうせい》があるという。

2

じかんめ

海《うみ》の生《い》き物《もの》

魚《さかな》、エビ、カニ、タコ、イカ、クジラ、ウミガメ、アシカ……みなさんはどんな生《い》き物《もの》が好《す》きですか？ 広大《こうだい》な海《うみ》には、なんと200万種類《まんしゅるい》以上《いじょう》の生《い》き物《もの》たちがすんでいるといわれています。ここではその一部《いちぶ》を紹介《しょうかい》しましょう。

友達《ともだち》になれるかな？

01

波《なみ》間《ま》から深海《しんかい》まで海《うみ》には生《い》き物《もの》がいっぱい！

海《うみ》にはさまざまな生《い》き物《もの》たちが暮《く》らしています。現在確認《げんざいかくにん》されているのは25万種《まんしゅ》ほどですが、おそらくその10倍《ばい》以上《いじょう》の種類《しゅるい》の生《い》き物《もの》が海《うみ》にすんでいると考《かんが》えられています。

海《うみ》の生《い》き物《もの》の多《おお》くは、水深《すいしん》の浅《あさ》い沿《えん》岸部《がんぶ》や、海面《かいめん》に近《ちか》い部分《ぶぶん》など、太陽《たいよう》の光《ひかり》が届《とど》く範囲《はんい》にいます。なぜなら、生《い》き物《もの》たちのえさとなる植物《しょくぶつ》プランクトンが、光合成《こうごうせい》をするために集《あつ》まっているからです。植物《しょくぶつ》プランクトンを食《た》べる生《い》き物《もの》が集《あつ》まり、さらにそれを食《た》べる生《い》き物《もの》が集《あつ》まり……これをくり返《かえ》すことによって、海《うみ》にはさまざまな生態《せいたい》系《けい》（↓80ページ）が築《きず》かれています。

逆《ぎゃく》に、太陽《たいよう》の光《ひかり》が届《とど》かない深海《しんかい》は、食《た》べるものが少《すく》ないため、生《い》き物《もの》たちの数《かず》は浅《あさ》い場所《ばしょ》よりも少《すく》なくなります。ただし、深海《しんかい》にも独自《どくじ》のくふうで生《い》きのびている生《い》き物《もの》たちがたくさんいます。くわしくは、「3じかんめ」を見《み》てみてくださいね。

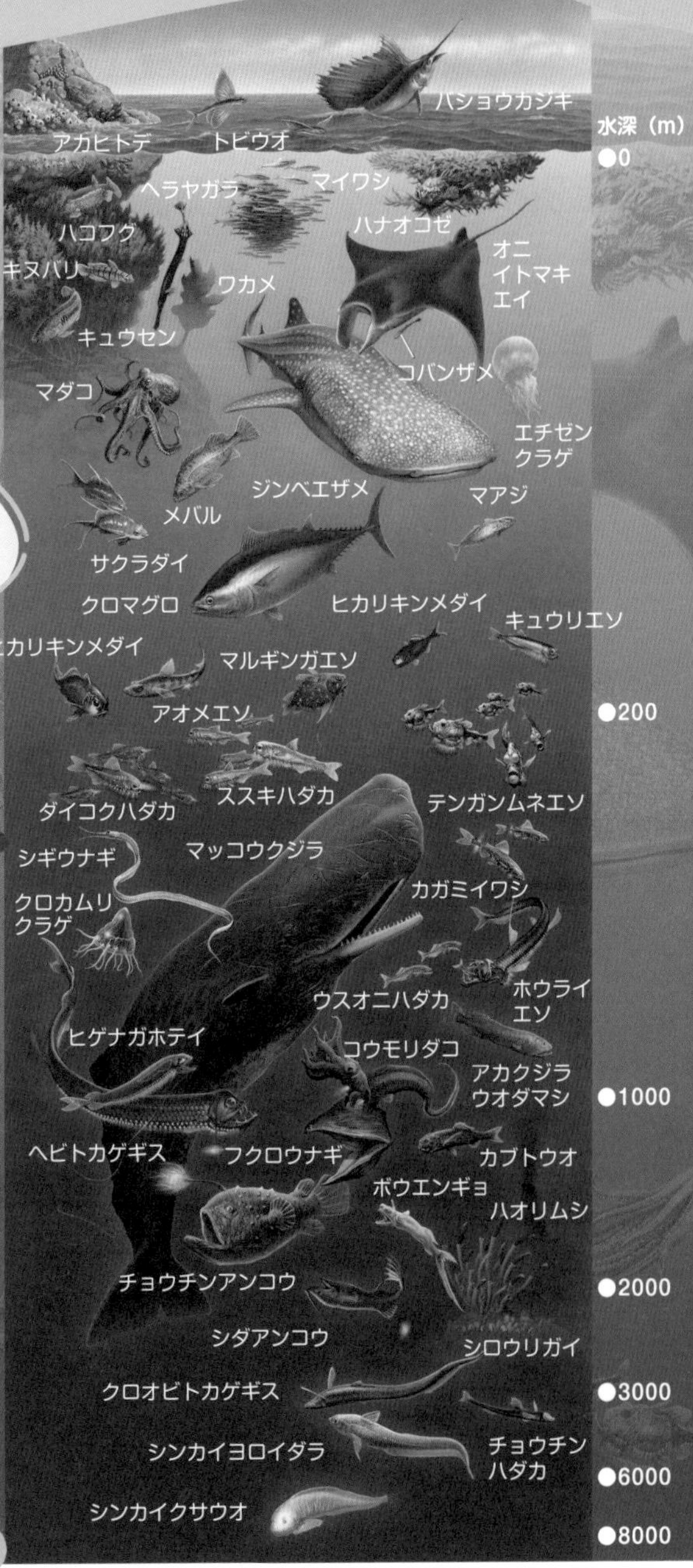
水深（m）
バショウカジキ
アカヒトデ
トビウオ
●0
ヘラヤガラ
マイワシ
ハナオコゼ
ハコフグ
オニ
イトマキ
エイ
キヌバリ
ワカメ
キュウセン
コバンザメ
マダコ
エチゼン
クラゲ
ジンベエザメ
マアジ
メバル
サクラダイ
クロマグロ
ヒカリキンメダイ
キュウリエソ
ヒカリキンメダイ
マルギンガエソ
アオメエソ
●200
スズキハダカ
テンガンムネエソ
ダイコクハダカ
シギウナギ
マッコウクジラ
カガミイワシ
クロカムリ
クラゲ
ホウライ
エソ
ウスオニハダカ
ヒゲナガホテイ
コウモリダコ
アカクジラ
ウオダマシ
●1000
ヘビトカゲギス
フクロウナギ
カブトウオ
ボウエンギョ
ハオリムシ
チョウチンアンコウ
●2000
シダアンコウ
シロウリガイ
クロオビトカゲギス
●3000
シンカイヨロイダラ
チョウチン
ハダカ
●6000
シンカイクサウオ
●8000

ずいぶん
にぎやかだな

海《うみ》には生《い》き物《もの》がいっぱい

イラストの上部《じょうぶ》は主《おも》に浅《あさ》い海《うみ》で見《み》られる生《い》き物《もの》、下部《かぶ》は深海《しんかい》で見《み》られる生《い》き物《もの》をえがいている。ここでは深《しん》海《かい》の生《い》き物《もの》もたくさんえがかれているが、実際《じっさい》には、浅《あさ》い海《うみ》のほうが生《い》き物《もの》の数《かず》が多《おお》い。

もっと知《し》りたい

赤道《せきどう》付近《ふきん》の海《うみ》は栄養《えいよう》が少《すく》なく、植物《しょくぶつ》プランクトンがあまり育《そだ》たない。

02

食《た》べ物《もの》や産《さん》卵《らん》場《ば》所《しょ》を求《もと》めて旅《たび》をする魚《さかな》たち

海《うみ》の生《い》き物《もの》の代表《だいひょう》といえば「魚《さかな》」ですね。ここでは、広《ひろ》い海《うみ》を旅《たび》する「回《かい》遊魚《ゆうぎょ》」について紹介《しょうかい》します。

回遊魚《かいゆうぎょ》は、決《き》まった季節《きせつ》や時期《じき》に、決《き》まったルートで広《ひろ》い範囲《はんい》を移動《いどう》する魚《さかな》です。たとえばサンマ、カツオ、サバ、アジなどがあげられます。このほかにも、海水《かいすい》と淡水《たんすい》の間《あいだ》を移動《いどう》するサケやウナギ、淡水《たんすい》の琵琶湖《びわこ》から川《かわ》へ移《い》動《どう》するビワマスなども回遊魚《かいゆうぎょ》とよばれます。

魚《さかな》たちの回遊《かいゆう》には、主《おも》に、食《た》べ物《もの》が豊富《ほうふ》な場所《ばしょ》を求《もと》めて移動《いどう》する「索餌回《さくじかい》遊《ゆう》」と、卵《たまご》を産《う》む場所《ばしょ》に移動《いどう》する「産《さん》卵回遊《らんかいゆう》」があります。

左《ひだり》ページのイラストで、いくつか例《れい》を見《み》てみましょう。サケは、河川《かせん》で卵《たまご》からかえると、海《うみ》に移動《いどう》してすごし、また河川《かせん》にもどって産卵《さんらん》します。サンマやカツオは、暮《く》らしやすい水温《すいおん》や食《た》べ物《もの》が豊富《ほうふ》な場所《ばしょ》、産卵場所《さんらんばしょ》を求《もと》めて、季節《きせつ》ごとに海《うみ》を移動《いどう》します。

サケ

河川《かせん》から海《うみ》へ出《で》たのち、北太平洋《きたたいへいよう》を回遊《かいゆう》し、
また生《う》まれた河川《かせん》にもどる。

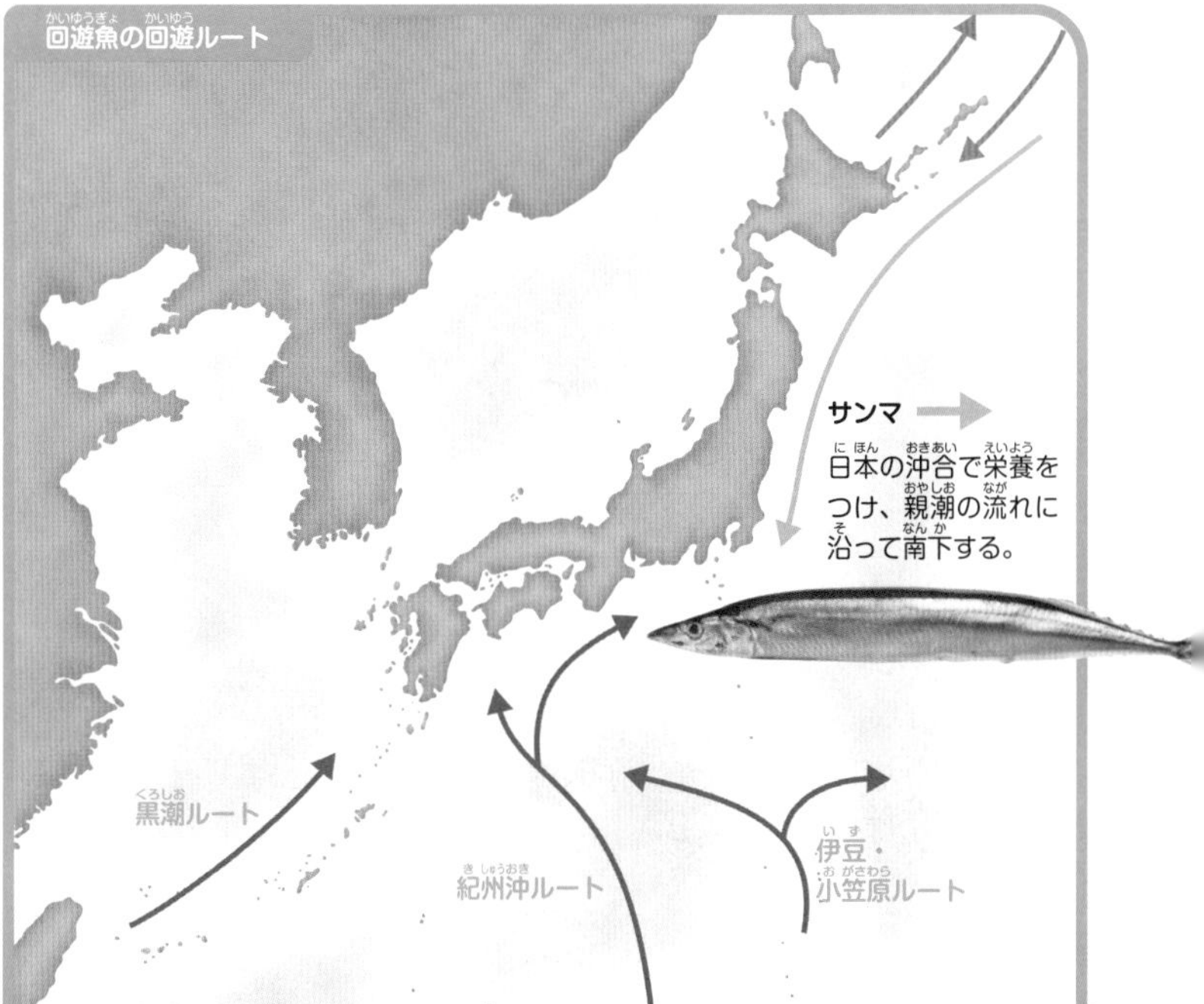
回遊魚《かいゆうぎょ》の回遊《かいゆう》ルート
黒潮《くろしお》ルート
紀州沖《きしゅうおき》ルート
伊豆《いず》・
小笠原《おがさわら》ルート

サンマ

日本《にほん》の沖合《おきあい》で栄養《えいよう》を
つけ、親潮《おやしお》の流《なが》れに
沿《そ》って南下《なんか》する。

カツオ

日本《にほん》の南方《なんぽう》の熱帯《ねったい》から亜熱帯海域《あねったいかいいき》で
生《う》まれ、黒潮《くろしお》ルート、紀州沖《きしゅうおき》ルート、
伊豆《いず》・小笠原《おがさわら》ルートなど複数《ふくすう》のルー
トで回遊《かいゆう》する。

マグロの仲間《なかま》なども
太平洋《たいへいよう》や大西洋《たいせいよう》の
全域《ぜんいき》を回遊《かいゆう》するよ

もっと知《し》りたい

マグロやカツオは、泳《およ》ぎつづけないとえらから酸素《さんそ》を取《と》りこめず死《し》んでしまう。

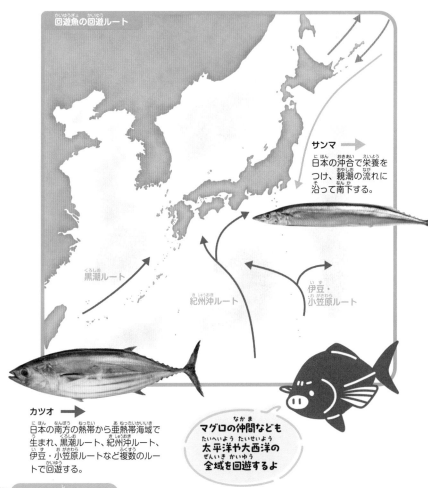

やすみじかん

あぶない！ 毒《どく》のある生《い》き物《もの》

海《うみ》の生《い》き物《もの》たちの中《なか》には、おそろしい毒《どく》をもつものもいます。

浅瀬《あさせ》の砂《すな》にまぎれるようにしているアカエイは、しっぽに毒針《どくばり》をもっています。刺《さ》されると激痛《げきつう》がして、ごくまれに死《し》に至《いた》ることもあります。砂浜《すなはま》にいる青《あお》いビニールでできたギョウザのような姿《すがた》をしているのは、カツオノエボシです。触手《しょくしゅ》に毒《どく》があり、触《ふ》れると電《でん》

アカエイ
Hemitrygon akajei
日本《にほん》では北海道南部《ほっかいどうなんぶ》から沖縄《おきなわ》に至《いた》る広《こう》範囲《はんい》に生息《せいそく》している。大《おお》きなものは全《ぜん》長《ちょう》1メートル以上《いじょう》にもなる。尾《お》のつけ根《ね》にノコギリ状《じょう》の大《おお》きな毒針《どくばり》をもつ。

カツオノエボシ
Physalia physalis
クラゲの仲間《なかま》で、毒《どく》のある触手《しょくしゅ》をもつ。通常《つうじょう》は海《うみ》の中《なか》にいるが、砂浜《すなはま》に打《う》ち上《あ》げられていることもある。死《し》んだものにも毒《どく》があるので注意《ちゅうい》。

気《き》ショックを受《う》けたような痛《いた》みがあります。

　ゴマモンガラは、毒《どく》はありませんが、縄張《なわば》りに入《はい》ってきたものをしつこく攻撃《こうげき》する習性《しゅうせい》があります。歯《は》はウェットスーツを貫通《かんつう》するほど鋭《するど》く、おそわれるとケガをしてしまいます。

　ほかにも、毒《どく》をもつ生《い》き物《もの》や、近《ちか》づくとケガをしてしまう生《い》き物《もの》はたくさんいます。海水浴《かいすいよく》やマリンスポーツをしているときには、注意《ちゅうい》が必要《ひつよう》です。

ハナミノカサゴ

Pterois volitans

日本《にほん》では房総半島《ぼうそうはんとう》から沖縄《おきなわ》の岩礁《がんしょう》やサンゴ礁《しょう》に生息《せいそく》する。はなやかな見《み》た目《め》だが、一部《いちぶ》のひれに毒《どく》がある。ダイビング中《ちゅう》は近寄《ちかよ》らない方《ほう》がよい。

ゴマモンガラ

Balistoides viridescens

日本《にほん》では東北地方以南《とうほくちほういなん》の暖《あたた》かい海《うみ》に生息《せいそく》する。産卵《さんらん》・繁殖期《はんしょくき》になると攻撃的《こうげきてき》になる。追《お》いかけられたら、縄張《なわば》りを出《で》るまでとにかく逃《に》げるしかない。

03 潮《しお》のリズムで生活《せいかつ》する生《い》き物《もの》たち

海《うみ》は、月《つき》や太陽《たいよう》の引力《いんりょく》の影響《えいきょう》で満《み》ち引《ひ》きしており（↓28ページ）、およそ6時間《じかん》ごとに満潮《まんちょう》と干潮《かんちょう》をくり返《かえ》しています。

海岸近《かいがんちか》くにすむ生《い》き物《もの》の多《おお》くは、満潮《まんちょう》と干潮《かんちょう》のリズムに合《あ》わせて生活《せいかつ》しています。これを「潮汐《ちょうせき》リズム」といいます。わたしたちが夜《よる》に眠《ねむ》くなり、朝《あさ》に目覚《めざ》めるように、海岸《かいがん》の生《い》き物《もの》たちの中《なか》にも、体内《たいない》にあらかじめリズムをも

満潮《まんちょう》や干潮《かんちょう》の時間《じかん》は地域《ちいき》によってことなり、そこにすんでいる生《い》き物《もの》の潮汐《ちょうせき》リズムもその場所《ばしょ》に合《あ》ったものとなっている。写真《しゃしん》は、九州北西部《きゅうしゅうほくせいぶ》にある有明海《ありあけかい》。干潮時《かんちょうじ》に約《やく》207平方《へいほう》キロメートルの干潟《ひがた》が姿《すがた》をあらわす。

っているものがいます。

たとえば、シオマネキやコメツキガニといったカニの仲間《なかま》は、潮《しお》が引《ひ》いた干潮時《かんちょうじ》に巣穴《すあな》から出《で》てきてえさを食《た》べ、潮《しお》が満《み》ちてくると巣穴《すあな》に入《はい》り、入《い》り口《ぐち》にふたをします。潮《しお》の満《み》ち引《ひ》きのない水槽《すいそう》の中《なか》に入《い》れても、すんでいた場所《ばしょ》の満《まん》潮《ちょう》や干潮《かんちょう》の時間《じかん》に合《あ》わせて同《おな》じ行《こう》動《どう》をします。

潮汐《ちょうせき》リズムは、カニだけでなく、海《うみ》の浅《あさ》い場所《ばしょ》や干潟《ひがた》などにすむ多《おお》くの魚類《ぎょるい》、貝《かい》、甲殻類《こうかくるい》（→70ページ）などに備《そな》わっています。

カニ

有明海《ありあけかい》の干潮時《かんちょうじ》に巣穴《すあな》から出《で》てきたカニの仲間《なかま》。

ムツゴロウ

カニのように、潮汐《ちょうせき》リズムで巣穴《すあな》から出《で》たり入《はい》ったりする。

もっと知《し》りたい

有明海《ありあけかい》の干満差《かんまんさ》（干潮時《かんちょうじ》と満潮時《まんちょうじ》の水位《すいい》の差《さ》）は6メートルに達《たっ》し、日本一大《にっぽんいちおお》きい。

やすみじかん

生《い》き物《もの》の宝庫《ほうこ》！　磯《いそ》を観察《かんさつ》してみよう

　砂地《すなち》がほとんどなく、岩《いわ》が多《おお》い海岸《かいがん》を「磯《いそ》」といいます。

　潮《しお》が引《ひ》いた干潮時《かんちょうじ》、磯《いそ》の岩《いわ》の隙間《すきま》には海水《かいすい》が取《と》り残《のこ》されて「潮《しお》だまり（タイドプール）」とよばれる水《みず》たまりができます。潮《しお》だまりでは、魚《さかな》やカニ、貝《かい》といったさまざまな生《い》き物《もの》を観察《かんさつ》することができます。このページと、

ミスガイ
Hydatina physis
殻《から》の長《なが》さが40ミリメートルほどの巻《ま》き貝《がい》。日本《にほん》の房総半島《ぼうそうはんとう》より南《みなみ》、太平洋《たいへいよう》、大西洋《たいせいよう》、インド洋《よう》に分布《ぶんぷ》する。

次《つぎ》のページでは、磯《いそ》にいる生《い》き物《もの》の一部《いちぶ》を紹《しょう》介《かい》しています。近《ちか》くに海《うみ》がある場合《ばあい》は、潮《しお》が引《ひ》いている時間《じかん》に磯《いそ》にどんな生《い》き物《もの》がいるか観察《かんさつ》してみるのもいいですね。

ただし、生《い》き物《もの》たちのなかには触《さわ》ると危険《きけん》なものもいるので、狭《せま》い岩《いわ》の奥《おく》などにむやみに手《て》を入《い》れるのはやめましょう。また、観察《かんさつ》している間《あいだ》に潮《しお》が満《み》ちてくると危《あぶ》ないので、干潮《かんちょう》や満潮《まんちょう》の時間《じかん》をしっかりチェックしてから出《で》かけてくださいね。

ヘビギンポ
Enneapterygius etheostomus
大《おお》きさは6〜7センチメートルほど。日本《にほん》では北海道南部《ほっかいどうなんぶ》から九州《きゅうしゅう》まで広《ひろ》く分布《ぶんぷ》する。

やすみじかん

フナムシ
Ligia exotica
大《おお》きさは4センチメートルほど。日本《にほん》の本州《ほんしゅう》より南《みなみ》の西太平《にしたいへい》洋《よう》、インド洋《よう》の沿岸《えんがん》に広《ひろ》く分布《ぶんぷ》する。

マヒトデ（キヒトデ）
Asterias amurensis
大《おお》きさは20センチメートルほど。日本《にほん》では東北地方《とうほくちほう》から北海《ほっかい》道《どう》に多《おお》く生息《せいそく》する。

クモヒトデの仲間《なかま》
Ophiuroidea
5本《ほん》の細長《ほそなが》い腕《うで》をもつ。腕《うで》の長《なが》さは種《しゅ》によってさまざまで、数《すう》センチメートル～数十《すうじゅっ》センチメートルほど。世界各地《せかいかくち》の浅《あさ》い海《うみ》から深海《しんかい》にかけて分布《ぶんぷ》する。

ムラサキカイメン
Haliclona permollis
高《たか》さは最大《さいだい》で5センチメートルほど。日本各地《にほんかくち》の沿岸《えんがん》に分布《ぶんぷ》する。

アオサの仲間《なかま》
Ulva **sp.**
大《おお》きさは種《しゅ》によってことなり、数《すう》センチメートル～数十《すうじゅっ》センチメートルほど。日本《にほん》や世界各地《せかいかくち》の沿岸《えんがん》に広《ひろ》く分布《ぶんぷ》する。

カメノテ
Capitulum mitella
大《おお》きさは5センチメートルほど。本州《ほんしゅう》からマレー半島《はんとう》にかけて広《ひろ》く分布《ぶんぷ》する。岩《いわ》の割《わ》れ目《め》などに群《くん》をなしてくっついている。

04

色《いろ》とりどりの「海《うみ》の宝石《ほうせき》」ウミウシ

海《うみ》には美《うつく》しい色《いろ》をした生《い》き物《もの》がたくさんいます。鮮《あざ》やかな色《いろ》が特徴《とくちょう》で「海《うみ》の宝石《ほうせき》」ともよばれるウミウシもその1つです。

ウミウシは、頭《あたま》にある2本《ほん》の触覚《しょっかく》が、まるで牛《うし》のように見《み》えることからこのようによばれています。体全体《からだぜんたい》がやわらかい生《い》き物《もの》ですが、実《じつ》は巻貝《まきがい》の仲間《なかま》で、進化《しんか》の過程《かてい》で貝殻《かいがら》を失《うしな》いました。体《からだ》に毒《どく》をもつことで、ほかの生《い》き物《もの》に食《た》べられないようにしています。

ウミウシは世界中《せかいじゅう》の海《うみ》に生息《せいそく》していますが、まだよくわかっていないことが多《おお》い生《い》き物《もの》です。姿《すがた》かたちも色《いろ》もさまざまで、世界《せかい》に数千種類《すうせんしゅるい》いるとされています。今《いま》でも、次々《つぎつぎ》と新種《しんしゅ》が発見《はっけん》されています。

左《ひだり》のページでは、美《うつく》しいウミウシの一部《いちぶ》を紹介《しょうかい》しています。ほかにもいろいろな姿《すがた》や色《いろ》をしたウミウシがいるので、ぜひお気《き》に入《い》りを見《み》つけてみてくださいね。

ホホベニモウミウシ

Costasiella sp.

緑色《みどりいろ》の背中《せなか》の突起《とっき》は、光合成《こうごうせい》ができる。頭部《とうぶ》にピンク色《いろ》の模様《もよう》があるため、名前《なまえ》に「頬《ほほ》」「紅《べに》」とついている。

トサカリュウグウウミウシ

Nembrotha cristata

まるでエメラルドを全身《ぜんしん》にまとっているような姿《すがた》が特徴《とくちょう》。背中《せなか》に生《は》えた羽《はね》のような突起《とっき》には、えらの役割《やくわり》がある。

フェリマレ・カリフォルニエンシス

Felimare californiensis

鮮《あざ》やかなブルーの体《からだ》に黄色《きいろ》い模様《もよう》がある。東太平洋《ひがしたいへいよう》に生息《せいそく》している。カイメンの仲間《なかま》を好《この》んで食《た》べる。

アカテンイロウミウシ

Ardeadoris cruenta

まるでフリルのついたドレスを着《き》たような姿《すがた》をしている。移動《いどう》するときは、このフリルをひらひらさせる。

ゼニガタウミウシ

Jorunna funebris

真《ま》っ白《しろ》な体《からだ》に黒《くろ》い輪《わ》っか模様《もよう》がある。なんと、抗《こう》がん剤《ざい》として期待《きたい》される物質《ぶっしつ》が体内《たいない》から発見《はっけん》されている。

形《かたち》もすごく
おもしろいね!

もっと知《し》りたい

ウミウシの仲間《なかま》の「アメフラシ」は、つつかれると紫色《むらさきいろ》の液体《えきたい》を出《だ》して威嚇《いかく》する。

05

海《うみ》の生《い》き物《もの》たちのマンション 造礁《ぞうしょう》サンゴ

南《みなみ》の方《ほう》の暖《あたた》かいきれいな海《うみ》にはサンゴ礁《しょう》があります。海《うみ》の生《い》き物《もの》のうち、約《やく》9万種《まんしゅ》がサンゴ礁《しょう》で暮《く》らしているといわれています。

さまざまな生《い》き物《もの》のすみかとなっているサンゴ自体《じたい》も、実《じつ》は生《い》き物《もの》です。小《ちい》さなイソギンチャクのような形《かたち》の「ポリプ」がいくつも集《あつ》まって、大《おお》きなサンゴを形《かたち》づくっています。

サンゴは、細胞《さいぼう》の中《なか》に「褐虫藻《かっちゅうそう》」という微生物《びせいぶつ》をすまわせて、協力《きょうりょく》しあって生《い》きています。これを「共生《きょうせい》」といいます。サンゴの色《いろ》は、サンゴ自体《じたい》がもつ色素《しきそ》と、共生《きょうせい》している褐虫藻《かっちゅうそう》の量《りょう》によって決《き》まります。

サンゴがストレスを受《う》けると、サンゴの中《なか》にいる褐虫藻《かっちゅうそう》の量《りょう》は減《へ》ります。すると、サンゴは骨格《こっかく》が透《す》けて白《しろ》く見《み》え、やがて死《し》んでしまいます。近年《きんねん》、地球温暖化《ちきゅうおんだんか》による海水温《かいすいおん》の上昇《じょうしょう》や海洋《かいよう》汚染《おせん》によって、世界中《せかいじゅう》のサンゴ礁《しょう》がおびやかされています。

サンゴと褐虫藻《かっちゅうそう》

通常時《つうじょうじ》
白化時《はっかじ》
触手《しょくしゅ》
褐虫藻《かっちゅうそう》
褐虫藻《かっちゅうそう》の放出《ほうしゅつ》
死《し》んでしまった褐虫藻《かっちゅうそう》
拡大《かくだい》
石灰質《せっかいしつ》の骨格《こっかく》
群体《ぐんたい》

サンゴは、イソギンチャクに似《に》た「ポリプ」とよばれる個体《こたい》が集《あつ》まってできている。ポリプが集《あつ》まった下《した》に、石灰質《せっかいしつ》の骨格《こっかく》がつくられる。サンゴの細胞内《さいぼうない》には褐虫藻《かっちゅうそう》とよばれる藻類《そうるい》がいて、サンゴがストレスを受《う》けると死《し》んで排出《はいしゅつ》される。

サンゴの白化現象《はっかげんしょう》

褐虫藻《かっちゅうそう》が排出《はいしゅつ》されたサンゴは、骨格《こっかく》が白《しろ》く透《す》けて見《み》える。写真《しゃしん》は、沖縄県《おきなわけん》の慶良《けら》間諸島《ましょとう》にある阿嘉島《あかしま》で撮影《さつえい》されたもの。木《き》の枝状《えだじょう》のサンゴが、部分的《ぶぶんてき》に真《ま》っ白《しろ》になっている。

このままだと
サンゴ礁《しょう》がなくなって
しまうぞ

もっと知《し》りたい

サンゴの形《かたち》は、当《あ》たる光《ひかり》の強《つよ》さや水流《すいりゅう》の強《つよ》さなどによってかわる。

06 ほかの魚《さかな》にはない ユニークな姿《すがた》をもつマンボウ

最大《さいだい》で3メートルにもなる大《おお》きな体《からだ》と、おもしろい姿《すがた》で人気《にんき》のあるマンボウには、ほかの魚《さかな》にはない特徴《とくちょう》がたくさんあります。

まずは、その体《からだ》つきです。ふつう、魚《さかな》は尾《お》びれを左右《さゆう》にふることで泳《およ》ぎますが、マンボウに尾《お》びれはありません。かわりに、大《おお》きく発達《はったつ》した背《せ》びれと臀《しり》びれを同時《どうじ》にふることで前《まえ》に進《すす》みます。これは、ペンギン（→78ページ）の泳《およ》ぎ方《かた》を縦《たて》にしているのと同《おな》じです。そして、おしりにある「舵《かじ》びれ」を使《つか》って進《すす》む方向《ほうこう》を調整《ちょうせい》します。これらのひれを使《つか》い、マンボウは水深《すいしん》200メートルくらいまでもぐれます。

マンボウは、ほかの魚《さかな》にはあまり見《み》られない行動《こうどう》をとります。なんと、海《かい》面《めん》に体《からだ》を横《よこ》たえてぷかぷか浮《う》かぶのです。これは、体《からだ》の広《ひろ》い面《めん》を太陽《たいよう》の光《ひかり》にさらして、効率的《こうりつてき》に体《からだ》を温《あたた》め、深《ふか》くもぐったときに体温《たいおん》が下《さ》がるのを防《ふせ》ぐための行動《こうどう》とされています。

マンボウの体《からだ》のしくみ

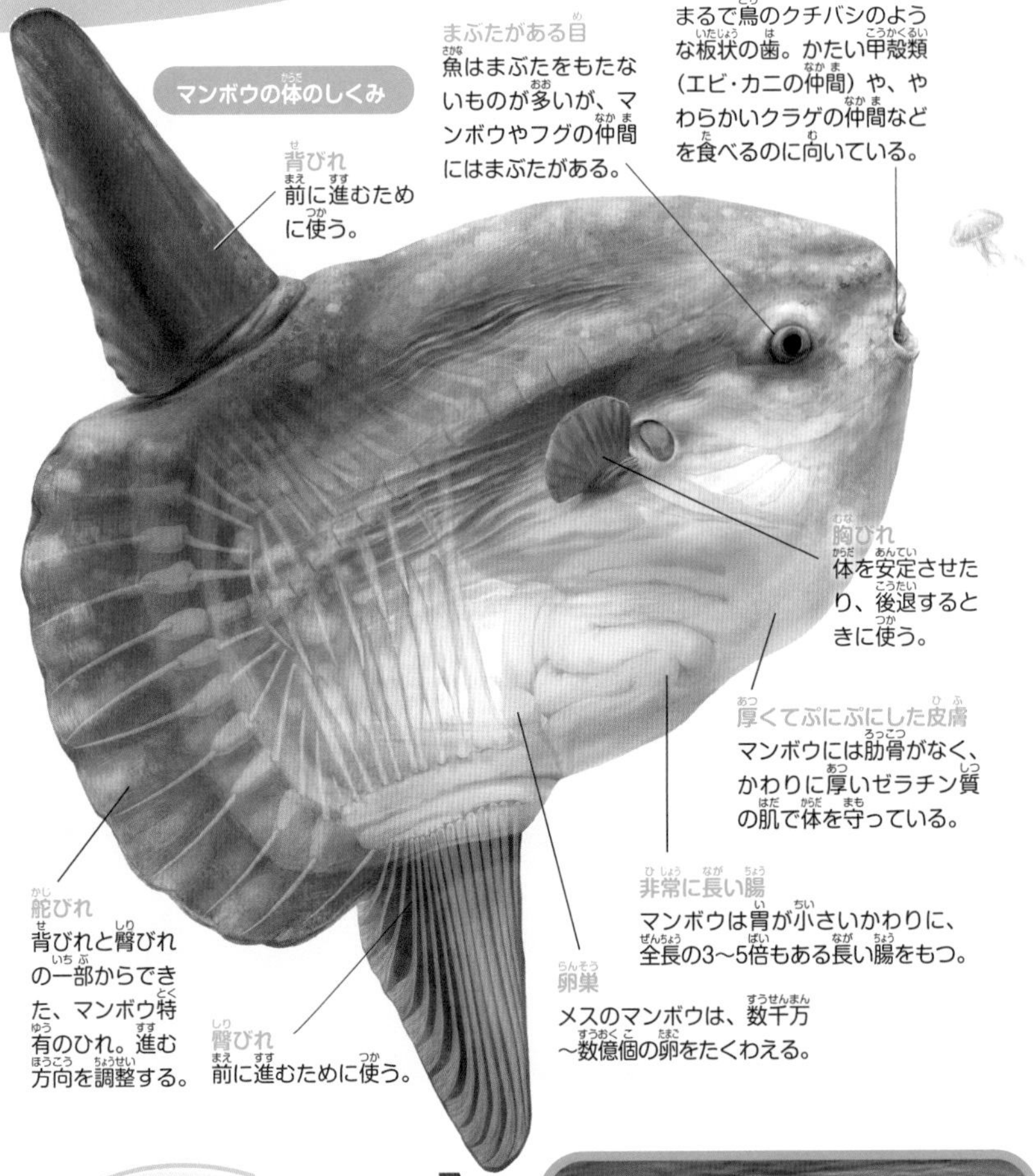

背《せ》びれ
前《まえ》に進《すす》むために使《つか》う。

まぶたがある目《め》
魚《さかな》はまぶたをもたないものが多《おお》いが、マンボウやフグの仲間《なかま》にはまぶたがある。

かたい歯《は》
まるで鳥《とり》のクチバシのような板状《いたじょう》の歯《は》。かたい甲殻類《こうかくるい》（エビ・カニの仲間《なかま》）や、やわらかいクラゲの仲間《なかま》などを食《た》べるのに向《む》いている。

胸《むな》びれ
体《からだ》を安定《あんてい》させたり、後退《こうたい》するときに使《つか》う。

厚《あつ》くてぷにぷにした皮膚《ひふ》
マンボウには肋骨《ろっこつ》がなく、かわりに厚《あつ》いゼラチン質《しつ》の肌《はだ》で体《からだ》を守《まも》っている。

非常《ひじょう》に長《なが》い腸《ちょう》
マンボウは胃《い》が小《ちい》さいかわりに、全長《ぜんちょう》の3〜5倍《ばい》もある長《なが》い腸《ちょう》をもつ。

卵巣《らんそう》
メスのマンボウは、数千万《すうせんまん》〜数億個《すうおくこ》の卵《たまご》をたくわえる。

舵《かじ》びれ
背《せ》びれと臀《しり》びれの一部《いちぶ》からできた、マンボウ特有《とくゆう》のひれ。進《すす》む方向《ほうこう》を調整《ちょうせい》する。

臀《しり》びれ
前《まえ》に進《すす》むために使《つか》う。

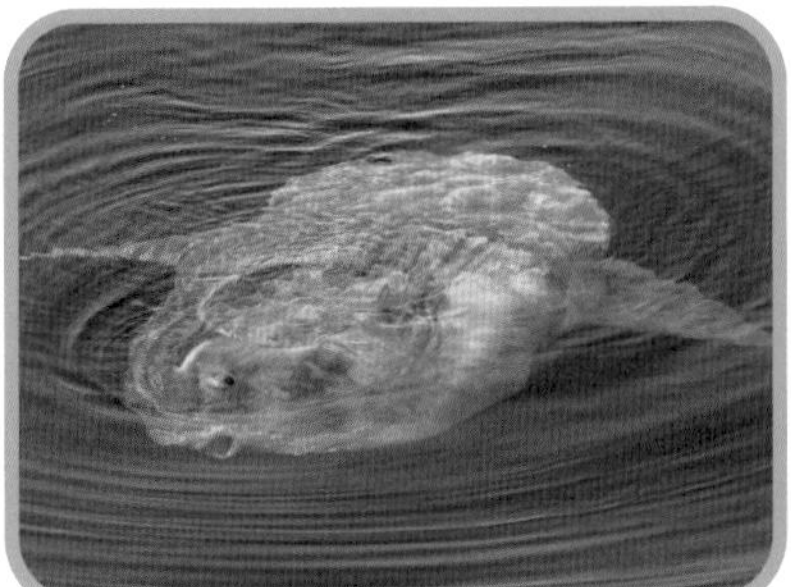

マンボウは、海面《かいめん》で体《からだ》を横《よこ》にして浮《う》かぶ。いわゆる「マンボウの昼寝《ひるね》」だ。深《ふか》い海《うみ》で体温《たいおん》が下《さ》がるのを防《ふせ》いだり、皮膚《ひふ》についた寄生虫《きせいちゅう》を鳥《とり》に取《と》ってもらったりするための行動《こうどう》といわれている。

もっと知《し》りたい

浮《う》かんだ体《からだ》が光《ひかり》を反射《はんしゃ》するため、マンボウは英語《えいご》でsunfish（太陽《たいよう》の魚《さかな》）という。

07

サメのほとんどは実《じつ》はヒトを襲《おそ》わない

サメは、エイの仲間《なかま》などとともに「軟骨魚類《なんこつぎょるい》」に分類《ぶんるい》される魚《さかな》で、全身《ぜんしん》の骨《ほね》がやわらかい軟骨《なんこつ》になっています。世界《せかい》に約《やく》５００種類《しゅるい》以《い》上《じょう》が確認《かくにん》されており、ほとんどは浅《あさ》い海《うみ》にすんでいますが、なかには４０００～５０００メートルの深海《しんかい》で暮《く》らしているものもいます。海《うみ》だけでなく、川《かわ》をさかのぼることのできるサメもいます。

サメは体形《たいけい》、ひれやえら孔《あな》の数《かず》

千差万別《せんさばんべつ》なサメの姿《すがた》

サメは大《おお》きさも形《かたち》もさまざまだ。最大《さいだい》のサメであるジンベエザメと、最小《さいしょう》のサメの一《ひと》つであるオナガドチザメ、多様《たよう》な形《かたち》のサメ（左《ひだり》のページ）をイラストにえがいた。

オナガドチザメ
（約《やく》20センチメートル）

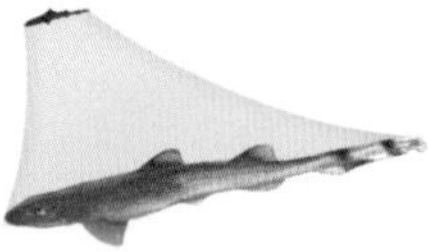

オナガドチザメの拡大図《かくだいず》

ジンベエザメ
（約《やく》15メートル）

などの特徴《とくちょう》から、9つのグループに分類《ぶんるい》されています。体《からだ》のサイズもさまざまで、体長《たいちょう》15メートルにもなるジンベエザメは、サメだけでなくすべての魚《さかな》の中《なか》で最大《さいだい》です。

　さて、サメには「人《ひと》をおそう恐《おそ》ろしい魚《さかな》」というイメージがあるかもしれませんね。約《やく》500種《しゅ》のうち、人《ひと》をおそうこともあるどう猛《もう》なサメは約《やく》30種《しゅ》いるといわれています。意外《いがい》と少《すく》ない……え、多《おお》いですか？

ここにいない「キクザメ目《もく》」は深海魚《しんかいぎょ》で、まだわかっていないことが多《おお》いんだ

カスザメ目《もく》
（イラストはカスザメ）

ツノザメ目《もく》
（イラストはトガリツノザメ）

ノコギリザメ目《もく》
（イラストはノコギリザメ）

カグラザメ目《もく》
（イラストはラブカ）

ネコザメ目《もく》
（イラストはネコザメ）

ネズミザメ目《もく》
（イラストはメガマウス）

テンジクザメ目《もく》
（イラストはオオセ）

メジロザメ目《もく》
（イラストはシロシュモクザメ）

もっと知《し》りたい

ジンベエザメはテンジクザメ目《もく》、オナガドチザメはメジロザメ目《もく》のサメ。

やすみじかん

「魚《さかな》」ってどんな生《い》き物《もの》？

　魚《さかな》（魚類《ぎょるい》）は、ひれをもち、えらで呼吸《こきゅう》をする脊椎動物《せきついどうぶつ》（背骨《せぼね》のある動物《どうぶつ》）です。世界《せかい》で3万《まん》6000種以上《しゅいじょう》も確認《かくにん》されており、脊椎《せきつい》動物全体《どうぶつぜんたい》の約半数《やくはんすう》を占《し》めます。私《わたし》たちヒト（哺乳類《ほにゅうるい》）も脊椎動物《せきついどうぶつ》なので、遠《とお》い親戚《しんせき》といえますね。

　魚類《ぎょるい》は大《おお》きく分《わ》けて、あごの骨《ほね》をもたないグループ（ヤツメウナギ類《るい》、ヌタウナギ類《るい》）、あごの骨《ほね》をもつグループ（軟骨魚類《なんこつぎょるい》、条鰭《じょうき》

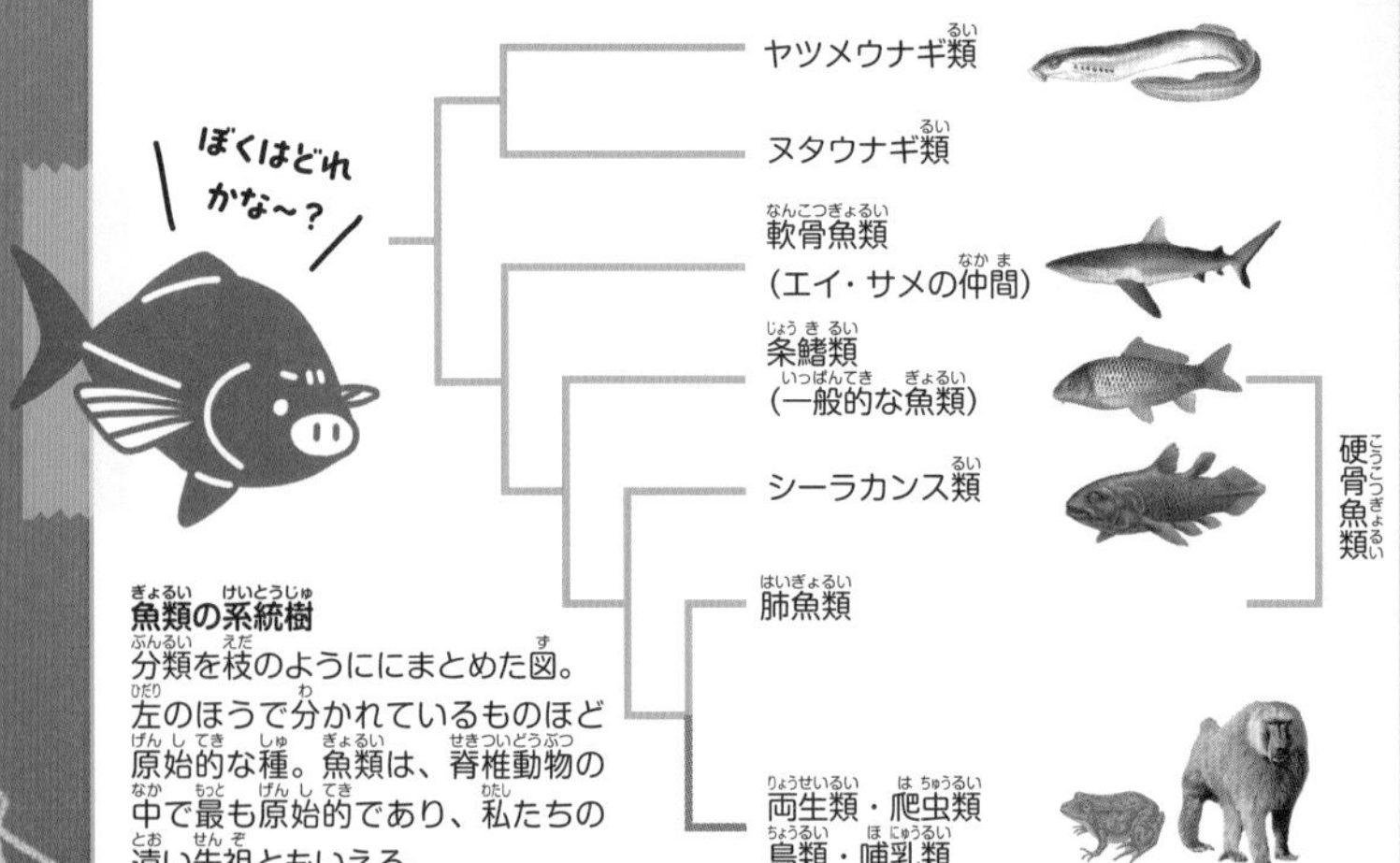

ぼくはどれかな～？
ヤツメウナギ類《るい》
ヌタウナギ類《るい》
軟骨魚類《なんこつぎょるい》
（エイ・サメの仲間《なかま》）
条鰭類《じょうきるい》
（一般的《いっぱんてき》な魚類《ぎょるい》）
シーラカンス類《るい》
肺魚類《はいぎょるい》
両生類《りょうせいるい》・爬虫類《はちゅうるい》
鳥類《ちょうるい》・哺乳類《ほにゅうるい》
硬骨魚類《こうこつぎょるい》

魚類《ぎょるい》の系統樹《けいとうじゅ》
分類《ぶんるい》を枝《えだ》のようににまとめた図《ず》。左《ひだり》のほうで分《わ》かれているものほど原始的《げんしてき》な種《しゅ》。魚類《ぎょるい》は、脊椎動物《せきついどうぶつ》の中《なか》で最《もっと》も原始的《げんしてき》であり、私《わたし》たちの遠《とお》い先祖《せんぞ》ともいえる。

類《るい》、シーラカンス類《るい》、肺魚類《はいぎょるい》）があります。さらに、骨《ほね》がやわらかい軟骨魚類《なんこつぎょるい》と、骨《ほね》がかたい硬骨魚類《こうこつぎょるい》（条鰭類《じょうきるい》、シーラカンス類《るい》、肺魚類《はいぎょるい》）にわかれます。硬骨魚類《こうこつぎょるい》のうち、シーラカンス類《るい》と肺魚類《はいぎょるい》をのぞいたものが条鰭類《じょうきるい》です。現《げん》在《ざい》、地《ち》球上《きゅうじょう》にいる魚《さかな》で一番多《いちばんおお》いのは条鰭類《じょうきるい》です。

さまざまな姿《すがた》の魚類《ぎょるい》たち

ヤツメウナギ類《るい》 ランペトラ・プラネリ
Lampetra planeri

ヌタウナギ類《るい》 ヌタウナギ
Eptatretus burgeri

軟骨魚類《なんこつぎょるい》 ホホジロザメ
Carcharodon carcharias

条鰭類《じょうきるい》 イソマグロ
Gymnosarda unicolor

肺魚類《はいぎょるい》 ミナミアメリカハイギョ
Lepidosiren paradoxa

シーラカンス類《るい》 シーラカンス
Latimeria chalumnae

オール状《じょう》の手足《てあし》で泳《およ》ぐウミガメ

ウミガメは、一生《いっしょう》のほとんどを海《うみ》の中《なか》ですごすカメです。

ほかに、カメの仲間《なかま》には、一生《いっしょう》のほとんどを陸《りく》の上《うえ》ですごすものと、陸《りく》と川《かわ》の両方《りょうほう》でくらすものがいて、それぞれ足《あし》の骨格《こっかく》がちがいます。ウミガメの場合《ばあい》は、足《あし》が舟《ふね》のオールのような形《かたち》になっていて、泳《およ》ぐのに役立《やくだ》ちます。

ウミガメの甲羅《こうら》は、陸《りく》や川《かわ》などにすむカメにくらべて、平《ひら》たく、表面《ひょうめん》がなめらかになっています。ちなみに、ウミガメは甲羅《こうら》に手足《てあし》や首《くび》を引《ひ》っこめることはできません。

また、ウミガメの体《からだ》には、海《うみ》で暮《く》らすうえでかかせない機能《きのう》があります。それは、「涙《なみだ》を流《なが》すこと」です。涙《なみだ》といっても、悲《かな》しくて流《なが》すものではありません。海《うみ》の中《なか》にいると、体《からだ》の中《なか》に塩《しお》がたくさんたまってしまうので、目《め》のうしろにある「塩類腺《えんるいせん》」という器官《きかん》から、余分《よぶん》な塩《しお》を外《そと》に出《だ》します。これが、涙《なみだ》のように見《み》えるのです。

カメの仲間《なかま》の足《あし》の骨格《こっかく》

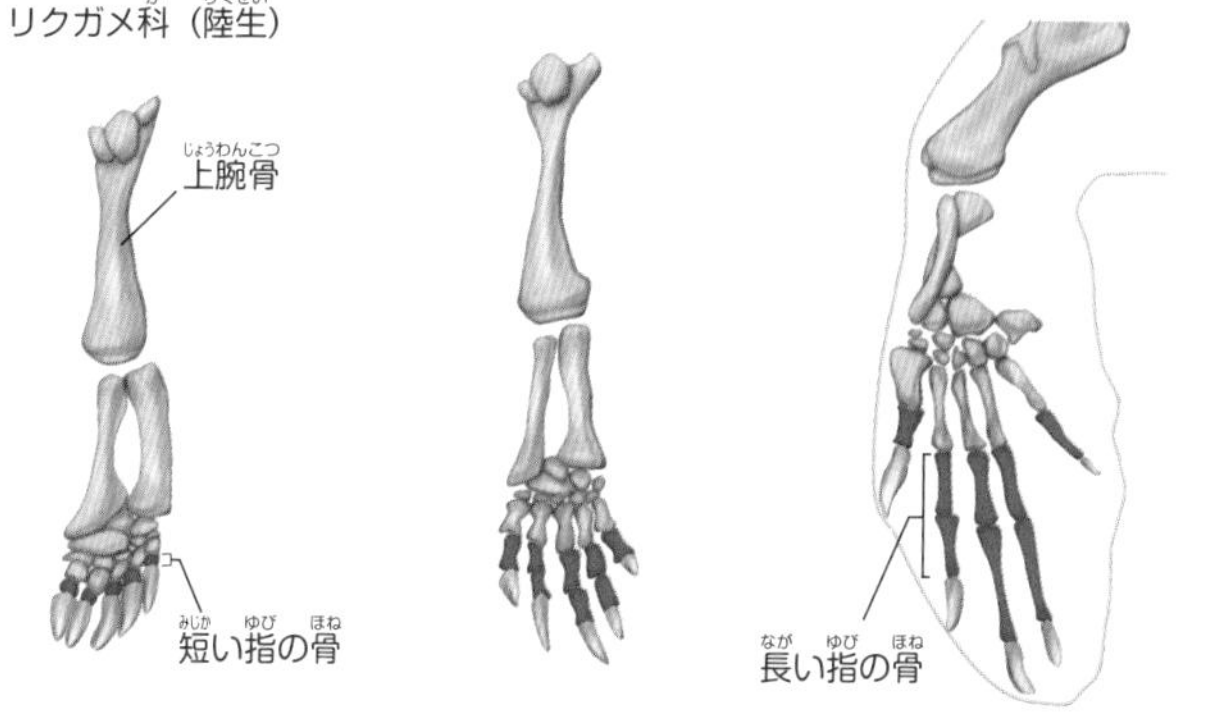
リクガメ科《か》（陸生《りくせい》）
イシガメ科《か》（水陸両生《すいりくりょうせい》）
ウミガメ科《か》（水生《すいせい》）
上腕骨《じょうわんこつ》
短《みじか》い指《ゆび》の骨《ほね》
長《なが》い指《ゆび》の骨《ほね》

陸《りく》で生活《せいかつ》するリクガメは、足《あし》の指《ゆび》の骨《ほね》が短《みじか》く、足全体《あしぜんたい》が柱《はしら》のようにどっしりしている。一方《いっぽう》でウミガメは足《あし》の指《ゆび》の骨《ほね》が長《なが》く、足全体《あしぜんたい》がオールのように平《ひら》たく大《おお》きくなっている。イシガメはその中間《ちゅうかん》のような足《あし》になっている。

ぼくは歩《ある》くほうが
得意《とくい》かな

アカウミガメ
Caretta caretta
温帯《おんたい》から亜熱帯《あねったい》の海洋《かいよう》に生息《せいそく》する。日本《にほん》の太平洋沿岸《たいへいようえんがん》や南西諸島《なんせいしょとう》などで産卵《さんらん》が観察《かんさつ》されている。貝《かい》やヤドカリなどを食《た》べ、頭《あたま》が大《おお》きいのが特徴《とくちょう》。

もっと知《し》りたい

ウミガメは全部《ぜんぶ》で7種《しゅ》いるが、そのうち6種《しゅ》は絶滅《ぜつめつ》の危機《きき》に瀕《ひん》している。

変身《へんしん》が得意《とくい》な海《うみ》の忍者《にんじゃ》タコとイカ

くねくねしたやわらかい体《からだ》をもつタコとイカは、「頭足類《とうそくるい》」というグループの生《い》き物《もの》で、貝《かい》のように殻《から》をもつ生《い》き物《もの》から進化《しんか》したといわれています。

タコは、約《やく》３００種類《しゅるい》以上《いじょう》が確認《かくにん》されていて、イカは、約《やく》４５０種類《しゅるい》が確認《かくにん》されています。どちらも、世界中《せかいじゅう》の海《うみ》に生息《せいそく》しています。

さて、タコやイカといえば、体《からだ》の色《いろ》をかえられることが知《し》られています。

タコやイカの体《からだ》の表面《ひょうめん》には、黒《くろ》、赤《あか》、黄色《きいろ》など、さまざまな色《いろ》をもつ「色素胞《しきそほう》」という細胞《さいぼう》があり、筋肉《きんにく》で自在《じざい》にのび縮《ちぢ》みさせることができます。黒《くろ》の色素胞《しきそほう》がのびて広《ひろ》がれば体《からだ》が黒《くろ》っぽくなり、縮《ちぢ》めば体《からだ》が黒《くろ》くなくなる、という具合《ぐあい》です。

このようにして体《からだ》の色《いろ》をかえ、周囲《しゅうい》の砂《すな》などにかくれることで、知《し》らずにやってきた獲物《えもの》におそいかかったり、敵《てき》から身《み》をかくしたりできます。まるで忍者《にんじゃ》ですね。

イカの体《からだ》のつくり

イカには10本《ぼん》の腕《うで》があり、通常《つうじょう》の腕《うで》8本《ぼん》と、獲物《えもの》をとらえるための特殊《とくしゅ》な腕《うで》「触腕《しょくわん》」2本《ほん》からなる。頭《あたま》は胴体《どうたい》と腕《うで》の間《あいだ》にあり、頭《あたま》から直接腕《ちょくせつうで》が生《は》えている。イカには心臓《しんぞう》が3つあり、全身《ぜんしん》に血液《けつえき》を送《おく》り出《だ》す普通《ふつう》の心臓《しんぞう》と、えらに血液《けつえき》を送《おく》るための「えら心臓《しんぞう》」2つからなる。

注《ちゅう》：イラストは腹側《はらがわ》からみたようすを、腕《うで》を下《した》にして示《しめ》している。

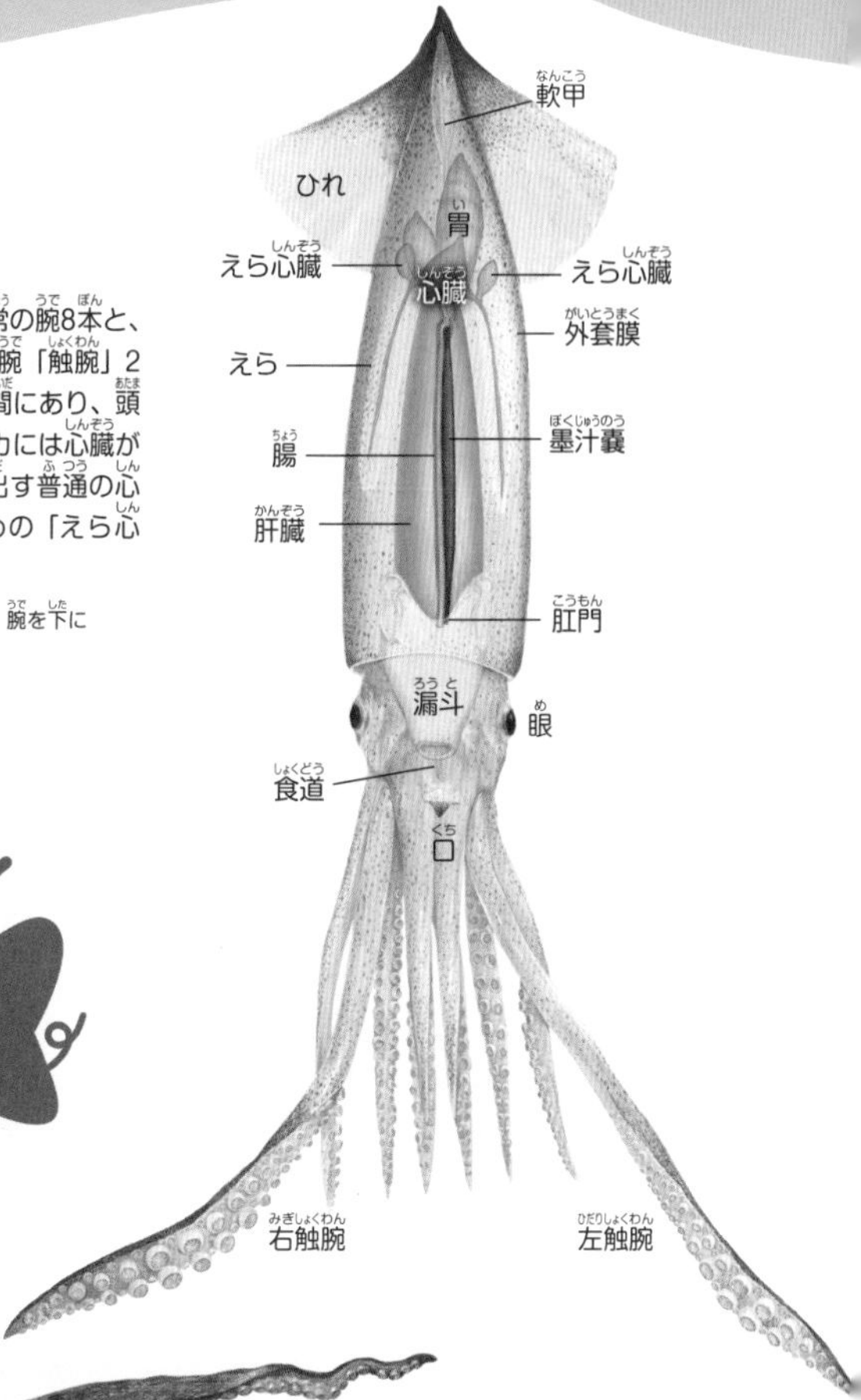
軟甲《なんこう》
ひれ
胃《い》
えら心臓《しんぞう》
心臓《しんぞう》
えら心臓《しんぞう》
外套膜《がいとうまく》
えら
腸《ちょう》
墨汁嚢《ぼくじゅうのう》
肝臓《かんぞう》
肛門《こうもん》
漏斗《ろうと》
眼《め》
食道《しょくどう》
口《くち》
右触腕《みぎしょくわん》
左触腕《ひだりしょくわん》

変身《へんしん》なら
ぼくも得意《とくい》だよ！

脳《のう》
胃《い》
心臓《しんぞう》
漏斗《ろうと》
墨汁嚢《ぼくじゅうのう》
えら
腸《ちょう》
生殖腺《せいしょくせん》
腎臓《じんぞう》

タコの体《からだ》のつくり

タコには8本《ぼん》の腕《うで》があり、長《なが》さや動《うご》かす方向《ほうこう》、そしてかたさを自由《じゆう》にかえられる。大《おお》きく膨《ふく》らんだ袋《ふくろ》の部分《ぶぶん》に頭《あたま》があるように思《おも》われるが、ここは内臓《ないぞう》がつまった胴体《どうたい》であり、タコの頭《あたま》は胴体《どうたい》と腕《うで》の間《あいだ》にある。頭《あたま》から直接腕《ちょくせつうで》が生《は》えているのだ。

もっと知《し》りたい

頭足類《とうそくるい》には、タコやイカのほかに、オウムガイなども含《ふく》まれる。

10

さまざまな姿《すがた》をした　エビやカニの仲間《なかま》たち

ここでは、エビやカニの仲間《なかま》である「甲殻類《こうかくるい》」について紹介《しょうかい》します。甲殻類《こうかくるい》は、節《ふし》のある体《からだ》をもち、それぞれの節《ふし》から「付《ふ》属肢《ぞくし》」とよばれる関節《かんせつ》のある足《あし》が出《で》ているのが特徴《とくちょう》です。現《げん》在《ざい》、約《やく》7万種《まんしゅ》が確認《かくにん》されています。陸上《りくじょう》で暮《く》らす昆虫類《こんちゅうるい》や、ムカデなどの仲間《なかま》（多足類《たそくるい》）の遠《とお》い親戚《しんせき》です。

甲殻類《こうかくるい》には、ザリガニやヤド

イソガニ
Hemigrapsus sanguineus
背甲《はいこう》の幅《はば》は3センチメートルほど。小石《こいし》が多《おお》い内《ない》湾《わん》の磯《いそ》に生息《せいそく》する。

イセエビ
Panulirus japonicus
大《おお》きさは30センチメートルほど。日本列島《にっぽんれっとう》（東北地方《とうほくちほう》より南《みなみ》）や台湾《たいわん》、韓国《かんこく》の沿岸《えんがん》に分《ぶん》布《ぷ》する。浅《あさ》い海《うみ》の岩礁《がんしょう》などにすむ。

カリ、シャコなども属《ぞく》しています。プランクトンのミジンコやオキアミも、甲殻類《こうかくるい》です。

意外《いがい》ですが、海《うみ》の岩場《いわば》や防波堤《ぼうはてい》などにびっしりとはりついているフジツボも甲殻類《こうかくるい》です。フジツボは潮《しお》が満《み》ちて水《みず》につかると、殻《から》が開《ひら》いて24本《ほん》のしなやかな足《あし》（蔓脚《まんきゃく》）が出《で》てきます。そして、獲物《えもの》となるプランクトンをからめとって口《くち》に運《はこ》んでいます。この足《あし》にはよく見《み》ると関節《かんせつ》があり、甲殻類《こうかくるい》らしい特徴《とくちょう》を備《そな》えています。

ホンヤドカリ *Pagurus filholi*

甲長《こうちょう》は1センチメートルほど。日本《にほん》や朝鮮《ちょうせん》半島《はんとう》に分布《ぶんぷ》し、岩《いわ》の多《おお》い海岸《かいがん》に生息《せいそく》する。

シャコ *Oratosquilla oratoria*

大《おお》きさは15センチメートルほど。主《おも》に日本《にほん》から、台湾《たいわん》、中国《ちゅうごく》の沿岸《えんがん》に分布《ぶんぷ》する。

タテジマフジツボ *Amphibalanus amphitrite*

殻《から》の大《おお》きさは1センチメートルほど。外来種《がいらいしゅ》で、本州《ほんしゅう》や九州《きゅうしゅう》に分布《ぶんぷ》を広《ひろ》げている。

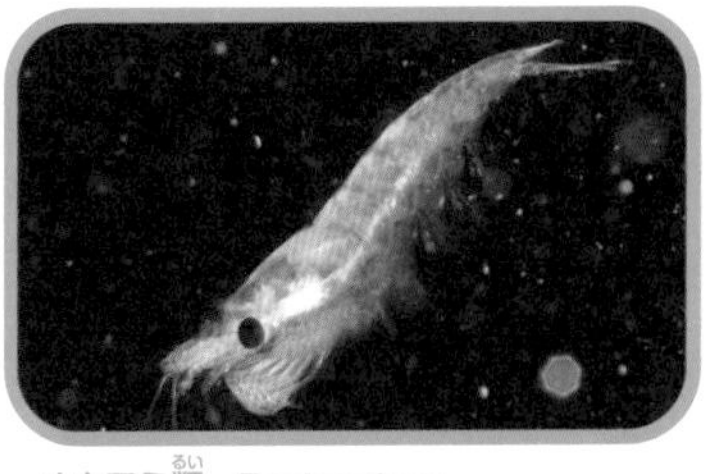

オキアミ類《るい》 Euphausiacea

大《おお》きさが1～5センチメートルのプランクトン。世界《せかい》の海洋《かいよう》の沿岸《えんがん》から沖合《おきあい》に分布《ぶんぷ》する。

もっと知《し》りたい

陸上《りくじょう》で暮《く》らすダンゴムシやワラジムシも、実《じつ》は甲殻類《こうかくるい》。

11

海《うみ》を泳《およ》ぎまわる巨大《きょだい》な哺《ほ》乳類《にゅうるい》クジラ

巨大《きょだい》な体《からだ》で海《うみ》を泳《およ》ぎまわるクジラ。潮《しお》を吹《ふ》いたり、海面《かいめん》からダイナミックにジャンプしたりする姿《すがた》が知《し》られていますね。

クジラは、魚《さかな》のようなひれや尾《お》びれをもっていますが、魚類《ぎょるい》ではなく哺《ほ》乳類《にゅうるい》です。遺伝子《いでんし》を調《しら》べると、実《じつ》はカバに近《ちか》いといわれています。

クジラには、オキアミなどのプランクトンや魚《さかな》をこしとって食《た》べ

ミンククジラ（ヒゲクジラ類《るい》）
「ヒゲ板《いた》」とよばれる、かたいクシ状《じょう》の板《いた》で、魚《さかな》やプランクトンをこして飲《の》みこむ。
開口時《かいこうじ》
うね　あごの下《した》の長《なが》いすじ。のびちぢみをして口《くち》を大《おお》きく開《あ》けることができる。ミンククジラは、少《すく》なくとも約《やく》2トンもの海水《かいすい》を口《くち》にためられる。体長《たいちょう》30メートルほどのシロナガスクジラなら、約《やく》75トンもの海水《かいすい》をためることが可能《かのう》だ。
通常時《つうじょうじ》

る「ヒゲクジラ」の仲間《なかま》と、とがった歯《は》をもつ「ハクジラ」の仲間《なかま》がいます。ヒゲクジラには、シロナガスクジラやザトウクジラなど大型《おおがた》の種類《しゅるい》が多《おお》く属《ぞく》しています。ハクジラには、マッコウクジラや、イルカの仲間《なかま》（→74ページ）が含《ふく》まれます。

多《おお》くのヒゲクジラは、夏《なつ》は食《た》べ物《もの》が豊富《ほうふ》な南極《なんきょく》や北極《ほっきょく》付近《ふきん》の寒《さむ》い海《うみ》ですごし、冬《ふゆ》は赤道《せきどう》の近《ちか》くの暖《あたた》かい海《うみ》で子《こ》どもを産《う》んで育《そだ》てます。ハクジラは、種《しゅ》によってさまざまな移動《いどう》をします。

マッコウクジラ（ハクジラ類《るい》）

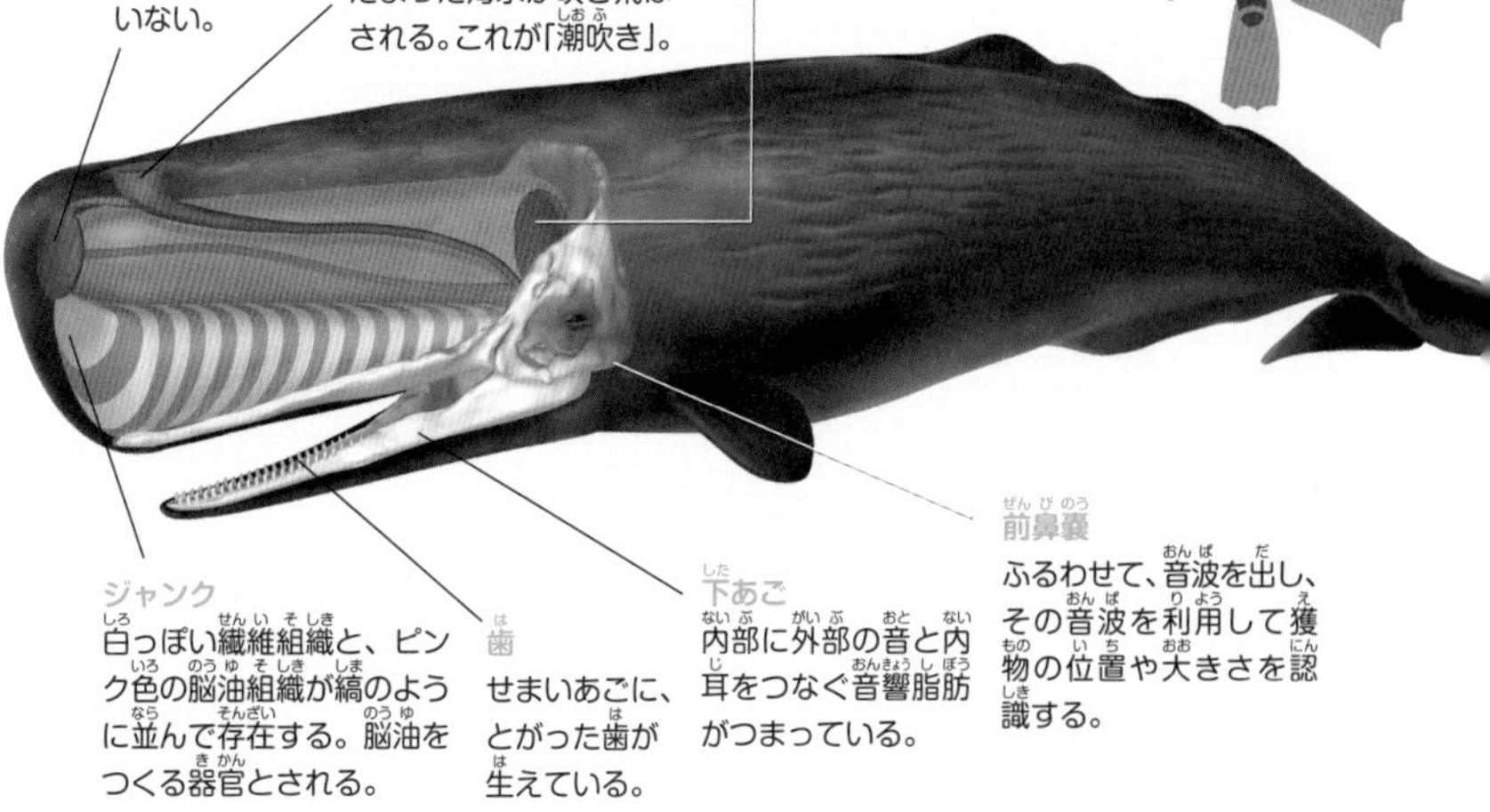
前庭嚢《ぜんていのう》
袋状《ふくろじょう》。機能《きのう》はよくわかっていない。
鼻孔《びこう》
クジラが鼻《はな》から空気《くうき》を吐《は》くとき、鼻孔《びこう》のくぼみにたまった海水《かいすい》が吹《ふ》き飛《と》ばされる。これが「潮吹《しおふ》き」。
脳油袋《のうゆぶくろ》
「脳油《のうゆ》」とよばれる脂《あぶら》が入《はい》っている。
前鼻嚢《ぜんびのう》
ふるわせて、音波《おんぱ》を出《だ》し、その音波《おんぱ》を利用《りよう》して獲《え》物《もの》の位置《いち》や大《おお》きさを認識《にんしき》する。
ジャンク
白《しろ》っぽい繊維組織《せんいそしき》と、ピンク色《いろ》の脳油組織《のうゆそしき》が縞《しま》のように並《なら》んで存在《そんざい》する。脳油《のうゆ》をつくる器官《きかん》とされる。
歯《は》
せまいあごに、とがった歯《は》が生《は》えている。
下《した》あご
内部《ないぶ》に外部《がいぶ》の音《おと》と内《ない》耳《じ》をつなぐ音響脂肪《おんきょうしぼう》がつまっている。

もっと知《し》りたい

マッコウクジラは、水深《すいしん》1000メートル以上《いじょう》の深海《しんかい》までもぐることができる。

12

かしこい頭脳《ずのう》をもつ海《うみ》の人気者《にんきもの》イルカ

イルカといえば、水族館《すいぞくかん》などでよく目《め》にする動物《どうぶつ》です。かしこくて人《ひと》なつっこく、「海《うみ》の生《い》き物《もの》でイルカが一番《いちばん》好《す》き!」という人《ひと》も多《おお》いでしょう。

実《じつ》は、科学《かがく》の世界《せかい》には「イルカ」という名前《なまえ》の動物《どうぶつ》はいません。一般的《いっぱんてき》なならいとして、ハクジラの仲間《なかま》(↓72ページ)のうち、体長《たいちょう》4メートル以下《いか》の小《ちい》さめの種《しゅ》が「イルカ」とよばれています。

イルカの多《おお》くは、何匹《なんひき》かの群《む》れで行《こう》動《どう》します。水中《すいちゅう》で、どうやって仲間《なかま》と意思《いし》を伝《つた》え合《あ》っているのでしょうか?

イルカは、鼻孔《びこう》のあたりから超音波《ちょうおんぱ》を出《だ》すことができます。この超音波《ちょうおんぱ》は、頭部《とうぶ》にある「メロン」という脂肪《しぼう》でできた器官《きかん》に集《あつ》まり、発射《はっしゃ》されます。その反響《はんきょう》(ものにぶつかりはね返《かえ》ってきた音《おと》)を下《した》あごの骨《ほね》のあたりで受《う》け取《と》ることによって、イルカは獲物《えもの》の位置《いち》を正確《せいかく》に把握《はあく》したり、仲間《なかま》と交《こう》信《しん》したりできるようです。

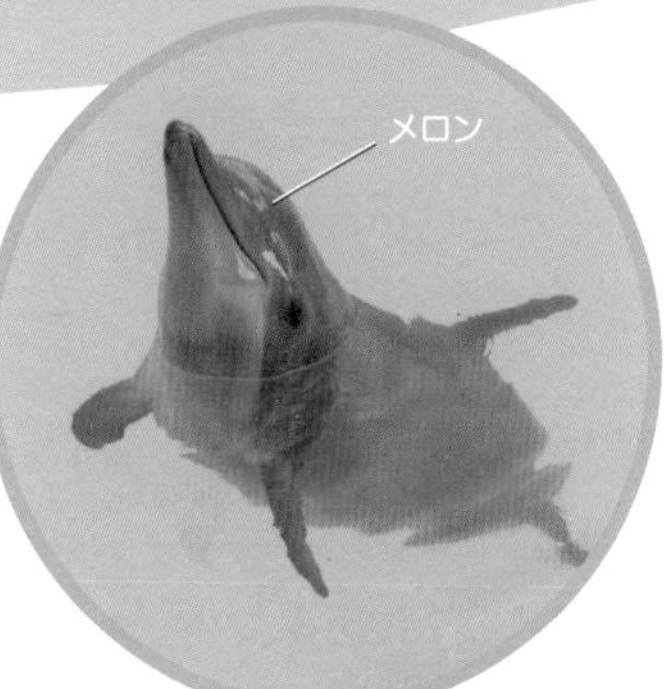
メロン

イルカのエコーロケーション

超音波《ちょうおんぱ》を発《はっ》し、その反響《はんきょう》によって遠《とお》くにあるものの位置《いち》や大《おお》きさなどを把握《はあく》することを「エコーロケーション」という。イルカは、頭部《とうぶ》にある「メロン」という器官《きかん》から超音波《ちょうおんぱ》を発《はっ》し、エコーロケーションを行《おこな》う。

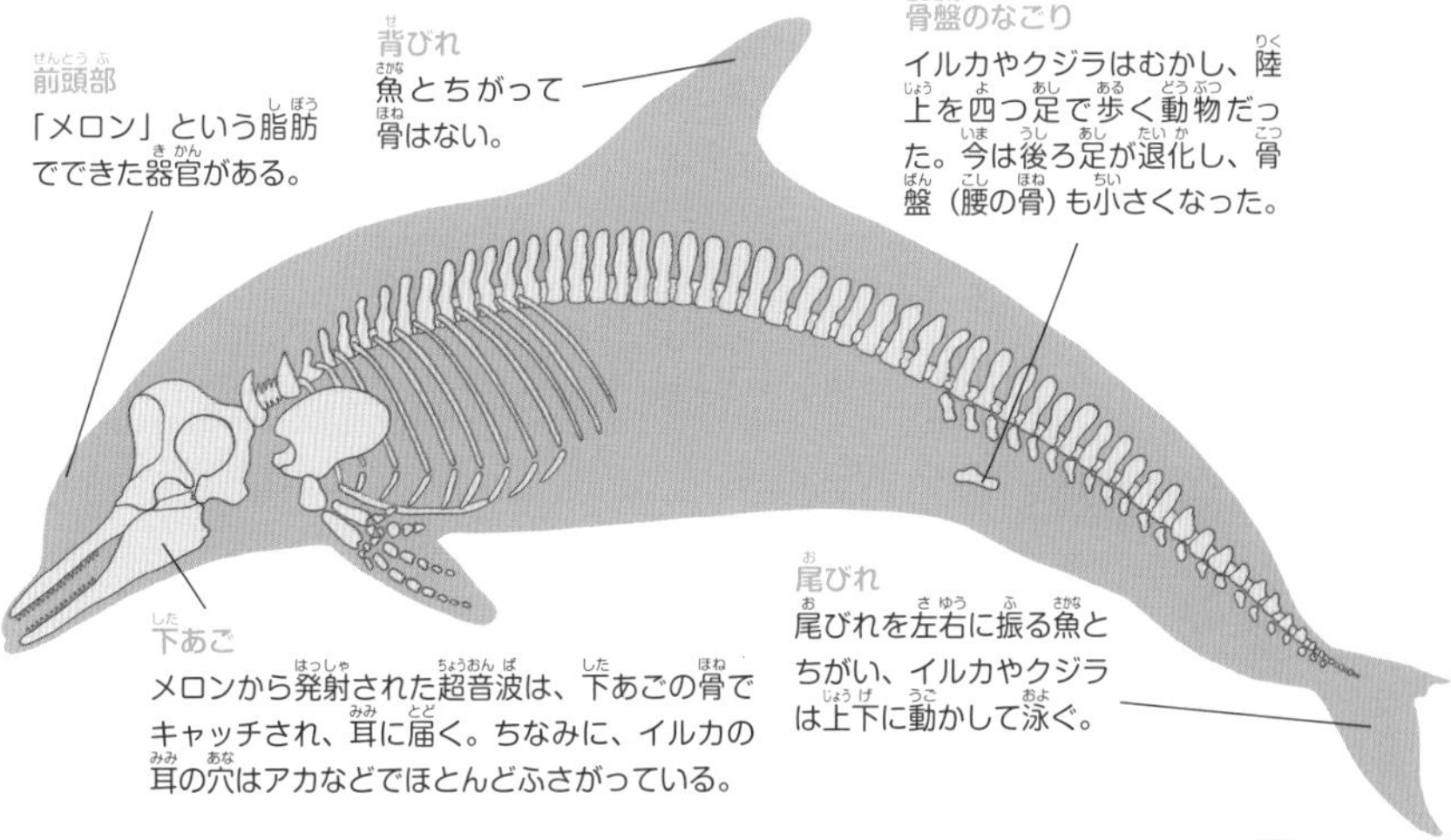
前頭部《ぜんとうぶ》
「メロン」という脂肪《しぼう》でできた器官《きかん》がある。
背《せ》びれ
魚《さかな》とちがって骨《ほね》はない。
骨盤《こつばん》のなごり
イルカやクジラはむかし、陸上《りくじょう》を四《よ》つ足《あし》で歩《ある》く動物《どうぶつ》だった。今《いま》は後《うし》ろ足《あし》が退化《たいか》し、骨盤《こつばん》（腰《こし》の骨《ほね》）も小《ちい》さくなった。
下《した》あご
メロンから発射《はっしゃ》された超音波《ちょうおんぱ》は、下《した》あごの骨《ほね》でキャッチされ、耳《みみ》に届《とど》く。ちなみに、イルカの耳《みみ》の穴《あな》はアカなどでほとんどふさがっている。
尾《お》びれ
尾《お》びれを左右《さゆう》に振《ふ》る魚《さかな》とちがい、イルカやクジラは上下《じょうげ》に動《うご》かして泳《およ》ぐ。

ハンドウイルカ（ハンドウイルカ）
Tursiops truncates
社会性《しゃかいせい》があり、群《む》れで行動《こうどう》する。人間《にんげん》のサーファーのように波乗《なみの》りを楽《たの》しむこともあるほど好奇心旺盛《こうきしんおうせい》で遊《あそ》ぶのが好《す》き。

もっと知《し》りたい

出産《しゅっさん》したイルカのメスは、ほかのメスと協力《きょうりょく》しながら2〜3年《ねん》かけて子育《こそだ》てする。

まだまだいる！海《うみ》で暮《く》らす哺《ほ》乳《にゅう》類《るい》たち

クジラやイルカのほかにも、海《うみ》ではさまざまな哺乳類《ほにゅうるい》たちが暮《く》らしています。

「海牛類《かいぎゅうるい》」のジュゴンなどには、クジラと同《おな》じように尾《お》びれがあります。アシカやアザラシなどの「鰭脚類《ききゃくるい》」は、前足《まえあし》も後《うし》ろ足《あし》もひれ状《じょう》に進化《しんか》しています。

水《みず》の中《なか》では体温《たいおん》が奪《うば》われやすいので、クジラなどは体《からだ》に脂肪《しぼう》をつけることで体温《たいおん》を保《たも》っています。

ジュゴン
Dugong dugon
大《おお》きさは2.5～3メートル。インド洋《よう》から太平洋《たいへいよう》にわたる、熱帯《ねったい》・亜熱帯《あねったい》の浅《あさ》い海《うみ》の沿岸《えんがん》に生息《せいそく》する。

ゼニガタアザラシ
Phoca vitulina
大《おお》きさは1.6～1.7メートル。太平洋北部《たいへいようほくぶ》、大西洋北《たいせいようほく》部《ぶ》の沿岸《えんがん》に生息《せいそく》する。

一方《いっぽう》で、ラッコには、それほど脂《し》肪《ぼう》はありません。かわりに、1平《へい》方《ほう》センチメートルあたりに10万本《まんぼん》もの毛《け》が生《は》えています。これは、ヒト1人《ひとり》の髪《かみ》の毛《け》の量《りょう》と同《おな》じです。この毛皮《けがわ》によって皮膚《ひふ》が海水《かいすい》に触《ふ》れるのを防《ふせ》ぎ、体温《たいおん》を保《たも》っているのです。

ホッキョクグマは、北極圏《ほっきょくけん》の海《うみ》に浮《う》かぶ氷《こおり》の上《うえ》で一生《いっしょう》の大半《たいはん》をすごします。主食《しゅしょく》のアザラシを捕《つか》まえるため、ほかのクマの仲間《なかま》より頭《あたま》が小《ちい》さく、泳《およ》ぎに適《てき》した体《からだ》になっています。

ラッコ
Enhydra lutris
大《おお》きさは1.4～1.5メートル。太平洋北部《たいへいようほくぶ》の沿岸《えんがん》に生息《せいそく》する。

オレたちは
陸《りく》の上《うえ》でまったり
しようぜ

ホッキョクグマ
Ursus maritimus
大《おお》きさは2～3メートル。北極圏《ほっきょくけん》の沿岸《えんがん》や、ユーラシア大陸《たいりく》の流氷《りゅうひょう》がみられる海域《かいいき》などに分布《ぶんぷ》する。

そもそも
ぼくたちって
何類《なにるい》？
わかんない…

もっと知《し》りたい

ホッキョクグマの毛《け》は光《ひかり》を反射《はんしゃ》して白《しろ》く見《み》えるが、実《じつ》は半透明《はんとうめい》で、皮膚《ひふ》は黒《くろ》い。

14 空《そら》飛《と》ぶ翼《つばさ》を捨《す》てて海《うみ》の中《なか》を“飛《と》ぶ”鳥《とり》ペンギン

海《うみ》にはたくさんの鳥《とり》がすんでいますが、なかでもペンギンは、特《とく》殊《しゅ》な体《からだ》をもつ飛《と》べない鳥《とり》です。

空《そら》を飛《と》ぶ鳥《とり》は、体《からだ》を軽《かる》くするために、きゃしゃな骨《ほね》をもっています。しかし、ペンギンの翼《つばさ》「フリッパー」は、かたくて太《ふと》い骨《ほね》に支《ささ》えられています。がっしりと重《おも》いこの翼《つばさ》は、水中《すいちゅう》深《ふか》くにもぐったり、水《みず》をかいたりするのに適《てき》しています。そのおかげで、ペンギン

キングペンギンの骨格《こっかく》

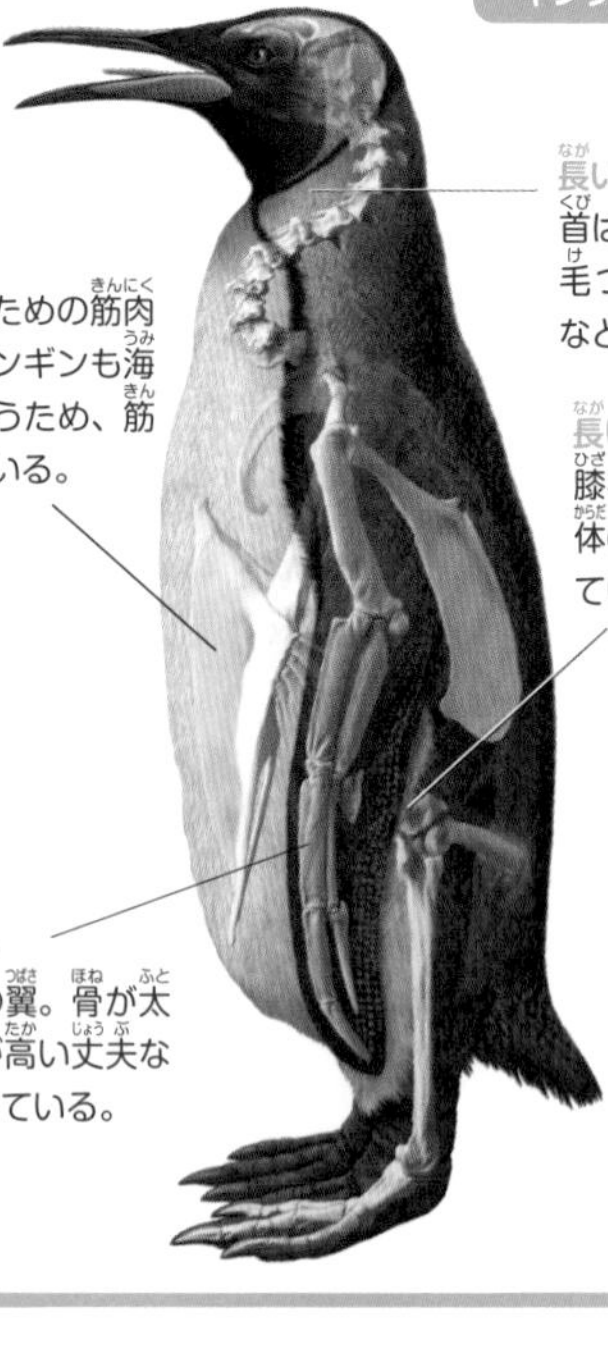
長《なが》い首《くび》
首《くび》は短《みじか》く見《み》えるが、毛《け》づくろいのときなどにのばせる。
竜骨突起《りゅうこつとっき》
鳥《とり》が羽《は》ばたくための筋肉《きんにく》がつく骨《ほね》。ペンギンも海《うみ》の中《なか》で翼《つばさ》を使《つか》うため、筋肉《きんにく》が発達《はったつ》している。
長《なが》い足《あし》
膝《ひざ》を曲《ま》げた状態《じょうたい》で体《からだ》の中《なか》に固定《こてい》されている。
フリッパー
ペンギンの翼《つばさ》。骨《ほね》が太《ふと》く骨密度《こつみつど》が高《たか》い丈夫《じょうぶ》な構造《こうぞう》になっている。

空《そら》飛《と》ぶ鳥《とり》とはぜんぜん体《からだ》つきがちがうね

はまるで飛《と》ぶように海《うみ》の中《なか》を泳《およ》ぐことができます。

ペンギンは、短《みじか》い足《あし》でよちよちと歩《ある》く姿《すがた》がかわいらしいですね。でも、実《じつ》はペンギンの足《あし》の骨《ほね》は見《み》た目《め》より長《なが》く、体《からだ》の中《なか》で〝空気《くうき》イス〟をしている状態《じょうたい》です。これは、陸《りく》の上《うえ》では不便《ふべん》そうですが、泳《およ》ぎには適《てき》した構造《こうぞう》です。

ペンギンも、かつては空《そら》を飛《と》ぶ鳥《とり》だったと考《かんが》えられています。進《しん》化《か》の過程《かてい》で空《そら》は飛《と》べなくなりましたが、かわりに泳《およ》ぎやすい体《からだ》を手《て》に入《い》れたというわけです。

ペンギンの進化《しんか》

ペンギンの仲間《なかま》が、空《そら》を飛《と》ぶことより、海《うみ》にもぐることに適《てき》した体《からだ》になっていくようすをイラストにした。

1 化石《かせき》は見《み》つかっていないが、ペンギンはかつて空《そら》も飛《と》べるし、海《うみ》にももぐれる鳥《とり》だったと考《かんが》えられている。

2 化石《かせき》として見《み》つかっている最古《さいこ》のペンギン「ワイマヌ・マンネリンギ」は、空《そら》は飛《と》べず、海《うみ》にもぐるのが得意《とくい》だった。

3 現生《げんせい》のペンギン。

もっと知《し》りたい

ペンギンは年《ねん》に一度《いちど》、全身《ぜんしん》の羽毛《うもう》が生《は》えかわる。その間《あいだ》は海《うみ》に入《い》れない。

やすみじかん

食物連鎖《しょくもつれんさ》で生態系《せいたいけい》ができる

海《うみ》で暮《く》らす生《い》き物《もの》たちは、たがいに「食《く》う・食《く》われる（食物連鎖《しょくもつれんさ》）」の関係《かんけい》にあったり、協力《きょうりょく》し合《あ》ったりして生《い》きています。このような生《い》き物《もの》の関係《かんけい》や、それが成《な》り立《た》つ自然環境《しぜんかんきょう》を「生態系《せいたいけい》」といいます。

生態系《せいたいけい》は、1種類《しゅるい》でも生《い》き物《もの》がいなくなってしまうとバランスがくずれ、ほかの生《い》き物《もの》にも大《おお》きく影響《えいきょう》します。

生態《せいたい》ピラミッド

最高次捕食者《さいこうじほしょくしゃ》
（シャチ、ホッキョクグマ、大型《おおがた》のサメ類《るい》など）

3次消費者《じしょうひしゃ》
（ハクジラ類《るい》、鰭脚《ききゃく》類《るい》、サメ類《るい》など）

2次消費者《じしょうひしゃ》
（魚類《ぎょるい》、頭足類《とうそくるい》など）

1次消費者《じしょうひしゃ》
（動物《どうぶつ》プランクトンや一部《いちぶ》の魚類《ぎょるい》など）

生産者《せいさんしゃ》
（植物《しょくぶつ》プランクトンや海藻《かいそう》など）

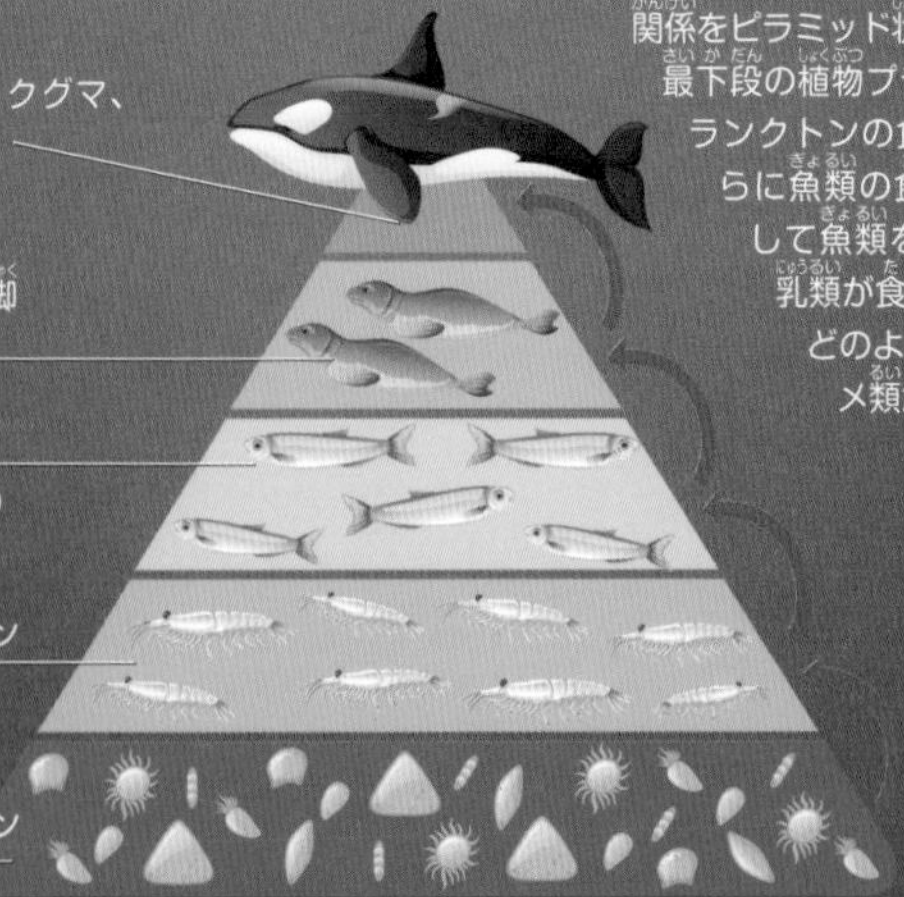

イラストは、海《うみ》に生息《せいそく》する生《い》き物《もの》の捕食《ほしょく》関係《かんけい》をピラミッド状《じょう》にえがいたものだ。最下段《さいかだん》の植物《しょくぶつ》プランクトンは動物《どうぶつ》プランクトンの食《た》べものとなり、さらに魚類《ぎょるい》の食《た》べものとなる。そして魚類《ぎょるい》をアザラシなどの哺《ほ》乳類《にゅうるい》が食《た》べ、それをシャチなどのより大型《おおがた》の哺乳類《ほにゅうるい》やサメ類《るい》が食《た》べることとなる。

3
じかんめ

深海《しんかい》の生《い》き物《もの》

光《ひかり》の届《とど》かない暗闇《くらやみ》の世界《せかい》、深海《しんかい》。高《たか》い水圧《すいあつ》がかかる過酷《かこく》な環境《かんきょう》であるにもかかわらず、そこにはさまざまな生《い》き物《もの》たちが暮《く》らしています。なかなか見《み》ることのできない彼《かれ》らの姿《すがた》を、少《すこ》しのぞいてみましょう。

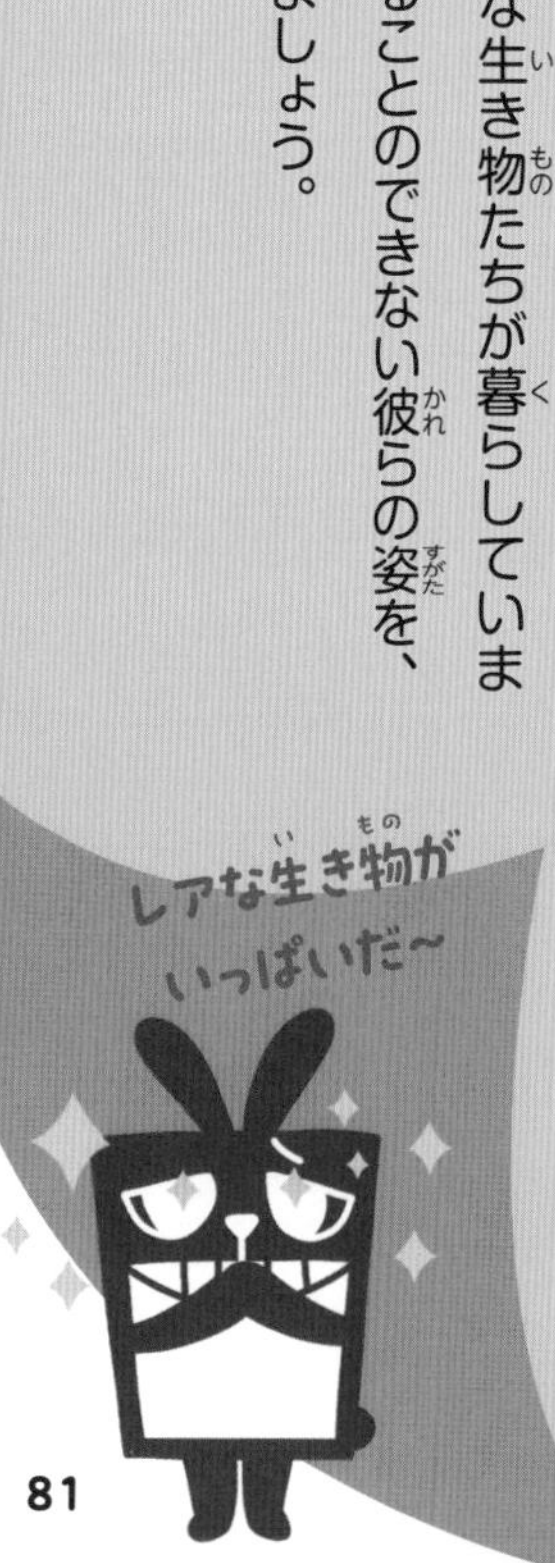

01 謎《なぞ》に包《つつ》まれた高《たか》い水圧《すいあつ》と暗闇《くらやみ》の世界《せかい》

深海《しんかい》とは、200メートルより深《ふか》い海《うみ》のことを指《さ》します。深海《しんかい》にはほとんど太陽《たいよう》の光《ひかり》が届《とど》かないので、植物《しょくぶつ》プランクトンや海藻《かいそう》が育《そだ》ちにくく、生《い》き物《もの》たちにとっては食《た》べ物《もの》が少《すく》ない環《かん》境《きょう》です。

水温《すいおん》は深《ふか》いほど冷《つめ》たくなり、3000メートルをこえると約《やく》1・5℃になります。

深海《しんかい》には、高《たか》い水圧《すいあつ》がかかっ

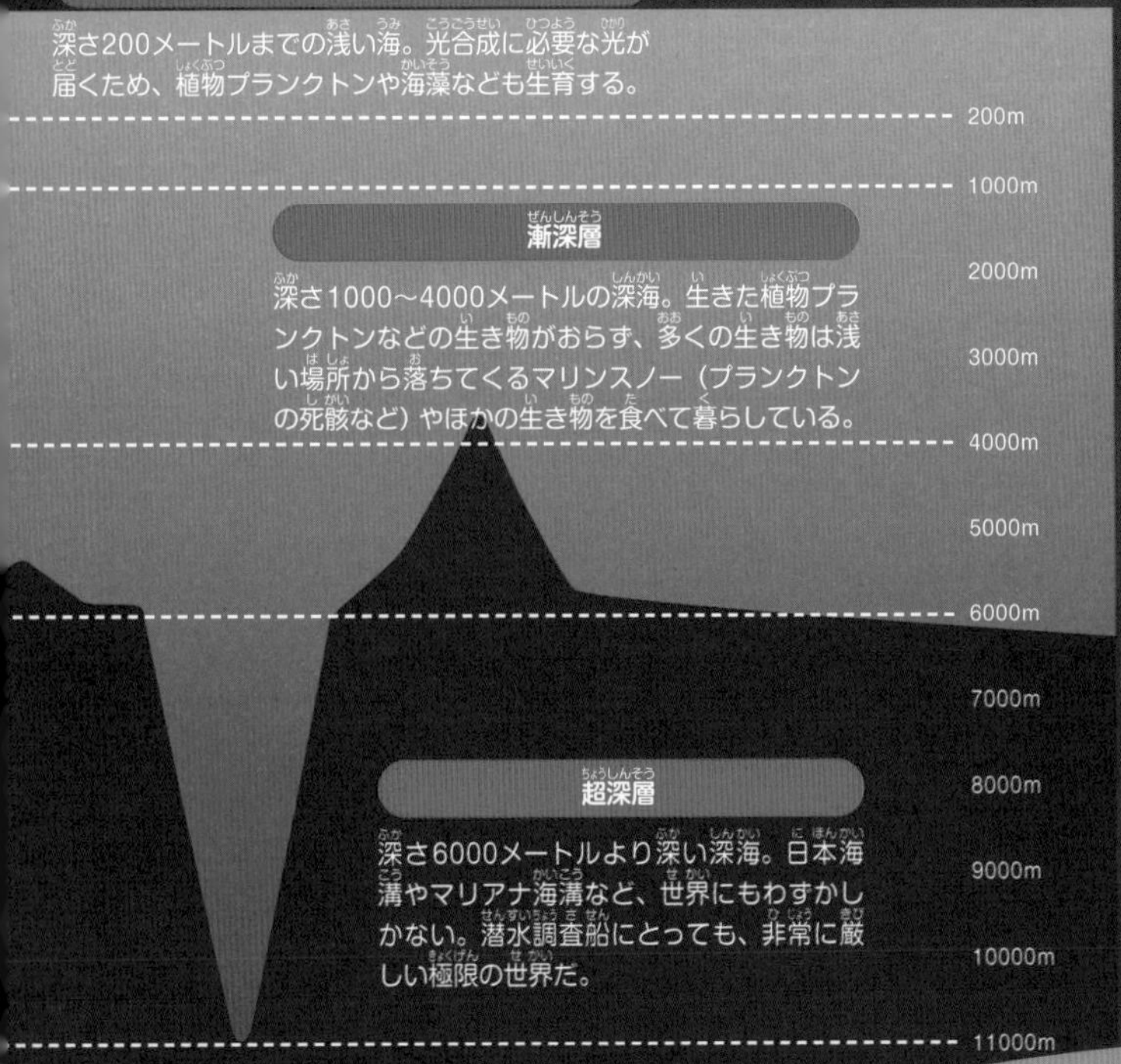
200m
1000m
2000m
3000m
4000m
5000m
6000m
7000m
8000m
9000m
10000m
11000m

表層《ひょうそう》

深《ふか》さ200メートルまでの浅《あさ》い海《うみ》。光合成《こうごうせい》に必要《ひつよう》な光《ひかり》が届《とど》くため、植物《しょくぶつ》プランクトンや海藻《かいそう》なども生育《せいいく》する。

漸深層《ぜんしんそう》

深《ふか》さ1000～4000メートルの深海《しんかい》。生《い》きた植物《しょくぶつ》プランクトンなどの生《い》き物《もの》がおらず、多《おお》くの生《い》き物《もの》は浅《あさ》い場所《ばしょ》から落《お》ちてくるマリンスノー（プランクトンの死骸《しがい》など）やほかの生《い》き物《もの》を食《た》べて暮《く》らしている。

超深層《ちょうしんそう》

深《ふか》さ6000メートルより深《ふか》い深海《しんかい》。日本海溝《にほんかいこう》やマリアナ海溝《かいこう》など、世界《せかい》にもわずかしかない。潜水調査船《せんすいちょうさせん》にとっても、非常《ひじょう》に厳《きび》しい極限《きょくげん》の世界《せかい》だ。

ています。水圧《すいあつ》とは、水《みず》の重《おも》さによる圧力《あつりょく》です。たとえば水深《すいしん》5000メートルの場所《ばしょ》では、水圧《すいあつ》は地上《ちじょう》の約《やく》51倍《ばい》、つまり1平方《へいほう》センチメートルあたりに約《やく》500キログラム以上《いじょう》の圧力《あつりょく》がかかっている状態《じょうたい》になります。これは、中《なか》が空洞《くうどう》の金属《きんぞく》ボンベなどは簡単《かんたん》につぶれてしまうほどの力《ちから》です。

そんな過酷《かこく》な環境《かんきょう》に適応《てきおう》した生《い》き物《もの》たちは、どんな姿《すがた》をしているのでしょうか？　次《つぎ》のページから見《み》ていきましょう。

海《うみ》の領域《りょういき》

中層《ちゅうそう》

深《ふか》さ200〜1000メートルの深海《しんかい》。暗《くら》いため、光《ひかり》を放《はな》つ生《い》き物《もの》が多《おお》い。光《ひかり》は、獲物《えもの》をおびき寄《よ》せたり、水面《すいめん》からのわずかな光《ひかり》にまぎれて身《み》を守《まも》ったりするために役《やく》立《た》っている。中層《ちゅうそう》と表層《ひょうそう》を行《い》き来《き》する生《い》き物《もの》も多《おお》い。

深層《しんそう》

深《ふか》さ4000〜6000メートルの深海《しんかい》。光《ひかり》がない上《うえ》に水温《すいおん》も低《ひく》いため、生《い》き物《もの》の数《かず》は非常《ひじょう》に少《すく》ない。

もっと知《し》りたい

少《すく》ない光《ひかり》でものを見《み》るため、中層《ちゅうそう》の多《おお》くの深海魚《しんかいぎょ》は目《め》を大《おお》きく発達《はったつ》させている。

02 深海《しんかい》の生物《せいぶつ》図鑑《ずかん》① 暗闇《くらやみ》を泳《およ》ぐ生《い》き物《もの》

深海《しんかい》は、生《い》き物《もの》たちの食《た》べ物《もの》となる植物《しょくぶつ》プランクトンや海藻《かいそう》があまり育《そだ》ちません。そのため、生《い》き物《もの》が暮《く》らしにくい環境《かんきょう》となっています。

でも、まったく食《た》べ物《もの》がないわけではありません。海面《かいめん》に近《ちか》いところで暮《く》らす生《い》き物《もの》たちの死骸《しがい》やふんが、かたまりながら深海《しんかい》まで沈《しず》んでくるからです。このかたまりを「マリンスノー」といいます（→102ページ）。マリンスノーは、深海《しんかい》で暮《く》らす生《い》き物《もの》の貴《き》重《ちょう》な栄養源《えいようげん》となります。

深海《しんかい》には、浅《あさ》い海《うみ》の生《い》き物《もの》たちとほとんど姿《すがた》がかわらないものもいます。でも、特殊《とくしゅ》な世界《せかい》に適応《てきおう》するために、なかにはとても風変《ふうが》わりな姿《すがた》になったものたちもいます。たとえば、高《たか》い水《すい》圧《あつ》から身《み》を守《まも》るために、魚《さかな》では気体《きたい》をためた浮袋《うきぶくろ》をもたなくなったものや、暗闇《くらやみ》で生《い》きるために自《みずか》ら光《ひか》るようになったものなどです。ここでは、そんな生《い》き物《もの》たちの一部《いちぶ》を紹介《しょうかい》しています。

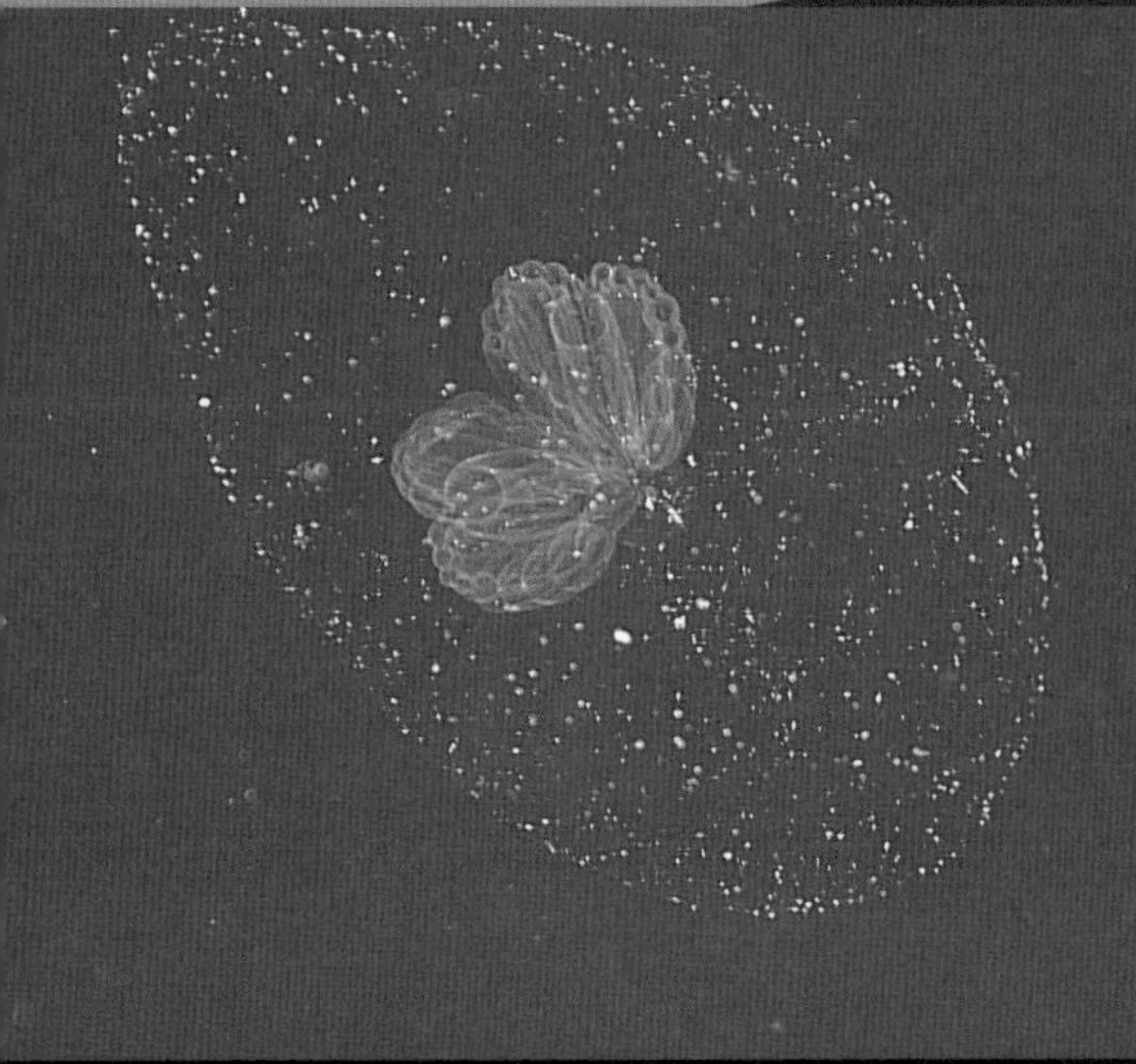

オタマボヤの仲間《なかま》

Oikopleuridae

自分《じぶん》の体《からだ》の数倍《すうばい》〜数十倍《すうじゅうばい》もの大《おお》きさの粘液《ねんえき》でできた「ハウス」をつくり、その中《なか》で暮《く》らす。ハウスは有機物《ゆうきぶつ》を含《ふく》んでおり、またマリンスノーなどを付着《ふちゃく》させている。大《おお》きく沈《しず》みやすいため、かたまりをつくり、深海《しんかい》に有機物《ゆうきぶつ》を運《はこ》ぶ役割《やくわり》を果《は》たす。

ギンザメの仲間《なかま》

Chimaera sp.

伊豆《いず》・小笠原諸島海域《おがさわらしょとうかいいき》ベヨネーズ海丘《かいきゅう》、水深《すいしん》737メートルで撮影《さつえい》。大《おお》きさは約《やく》1メートル。写真《しゃしん》は雌《めす》で、海底《かいてい》に産《う》みつける前《まえ》の卵《たまご》を下《さ》げている。上方《じょうほう》にのびた背《せ》びれと、尾《お》までのびた2番目《ばんめ》の背《せ》びれをもつ。体《からだ》は尾《お》に向《む》かってなめらかに細《ほそ》くなっている。

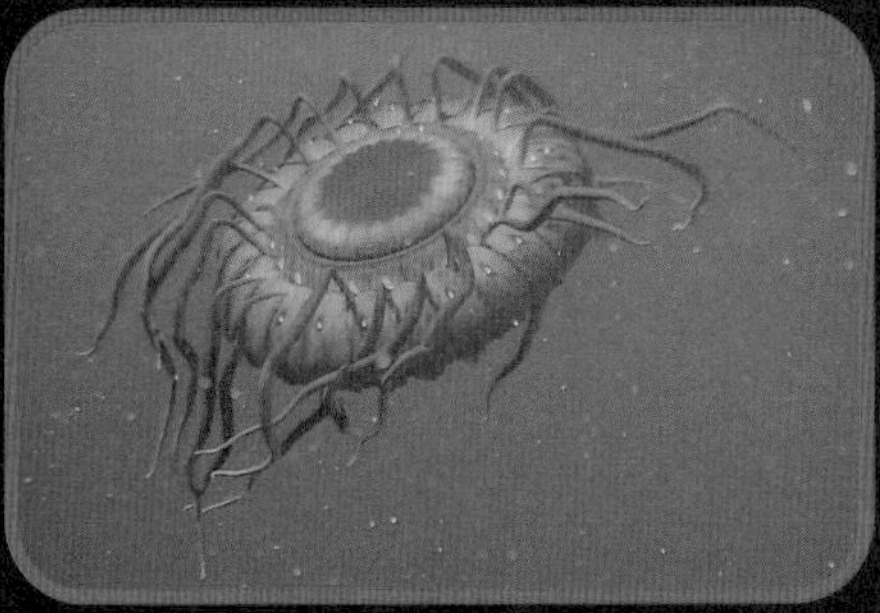

ムラサキカムリクラゲ

Atolla wyvillei

伊豆大島東方沖《いずおおしまとうほうおき》、水深《すいしん》805メートルで撮影《さつえい》。中央《ちゅうおう》に盛《も》り上《あ》がっている濃《こ》い赤色《あかいろ》の部分《ぶぶん》は胃《い》である。一部分《いちぶぶん》が生物発光《せいぶつはっこう》する。撮影《さつえい》された個体《こたい》の傘《かさ》の大《おお》きさは15センチメートルほど。

もっと知《し》りたい

生《い》き物《もの》が光《ひか》る化学物質《かがくぶっしつ》をつくって発光《はっこう》することを「生物発光《せいぶつはっこう》」という。

シダアンコウの仲間《なかま》
Gigantactis sp.

頭部《とうぶ》についた突起《とっき》で食《た》べ物《もの》となる魚《さかな》をおびき寄《よ》せて捕《ほ》食《しょく》する。写真《しゃしん》は、水深《すいしん》5380メートルで撮影《さつえい》されたもの。上下《じょうげ》逆《さか》さまの姿勢《しせい》で泳《およ》ぎ、長《なが》い頭《あたま》の突起《とっき》を釣《つ》り糸《いと》のように海底《かいてい》すれすれにたらしながらただよっていた。

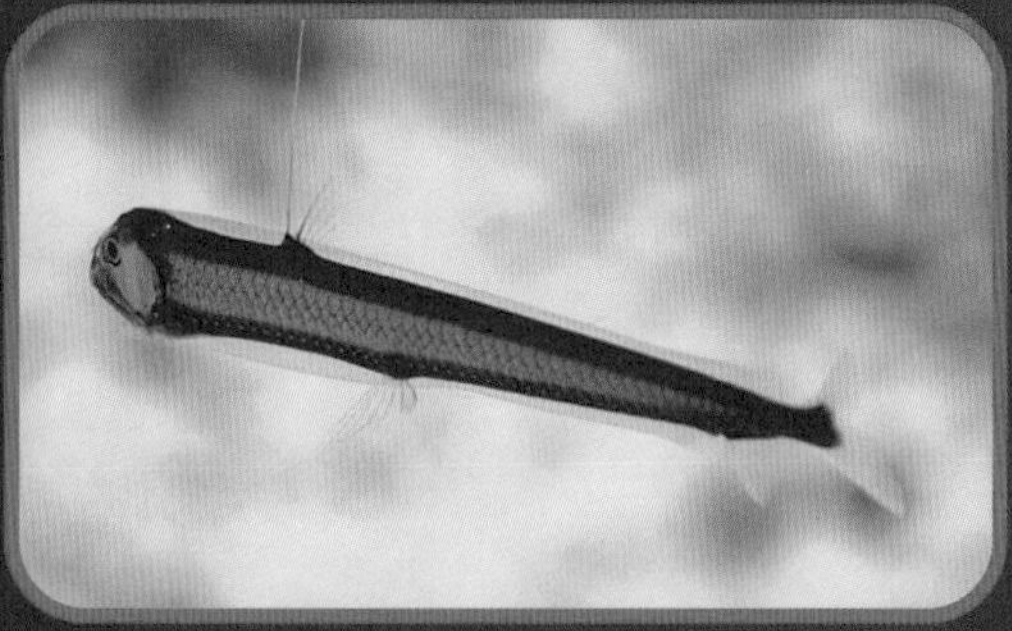

ホウライエソ
Chauliodus sloani

大《おお》きさ35センチメートルほどの魚《さかな》。長《なが》いキバで獲《え》物《もの》をとらえるため、「深海《しんかい》のギャング」ともよばれている。下腹部《かふくぶ》に発光《はっこう》する器官《きかん》が並《なら》ぶ。多《おお》くは温《おん》帯《たい》から熱帯《ねったい》の水深《すいしん》500～1000メートルに生息《せいそく》する。

ジュウモンジダコの仲間《なかま》
Grimpoteuthis sp.

世界中《せかいじゅう》の水深《すいしん》1000～6000メートルに多《おお》く生息《せいそく》する、タコの一種《いっしゅ》。巨大《きょだい》な耳《みみ》のようなひれをもち、英語《えいご》では「Dumbo Octopus(ダンボのタコ)」とよばれる。この耳《みみ》のようなひれをパタパタと動《うご》かし、バランスをとったり方向転換《ほうこうてんかん》したりする。

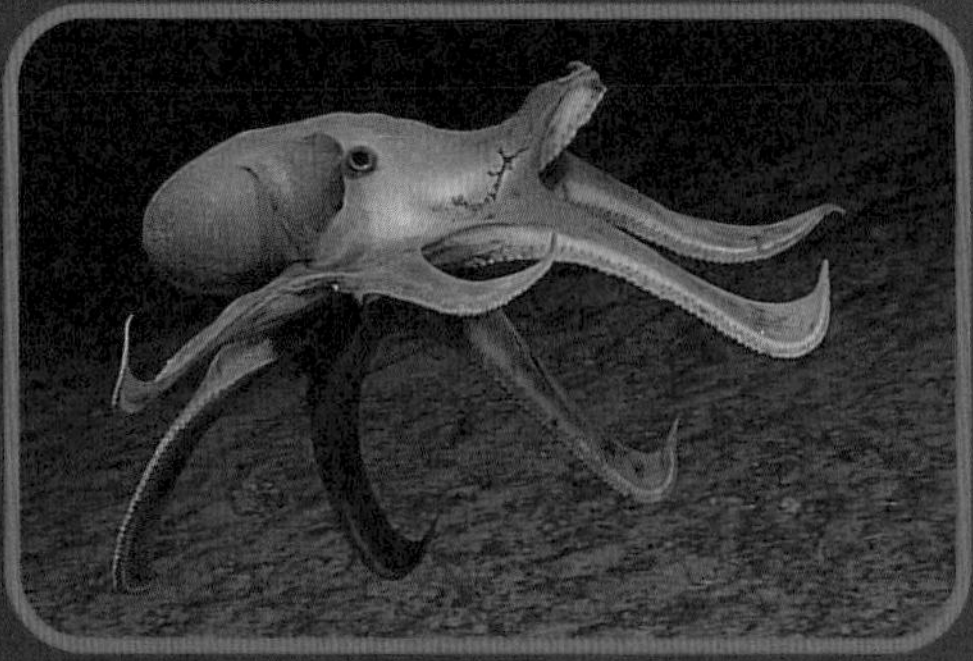

ソコオクメウオの仲間《なかま》

Aphyonidae sp.

多《おお》くが水深《すいしん》500～5000メートルの海底《かいてい》付近《ふきん》で暮《く》らしている。多《おお》くの魚《さかな》がもつ「浮袋《うきぶくろ》」という器官《きかん》をもたない。大《おお》きさは10センチメートルほど。眼《め》がほとんど退化《たいか》しており、皮膚《ひふ》に埋《う》もれている。

獲物を丸のみしたばかりの姿。

ホラアナゴの仲間《なかま》

Synaphobranchus sp.

肉食性《にくしょくせい》の細長《ほそなが》い魚《さかな》で、大《おお》きさは20～160センチ。 多《おお》くが水深《すいしん》200～2000メートルの海《うみ》に暮《く》らす。写真《しゃしん》は、アメリカ、バージニア州沖《しゅうおき》の水深《すいしん》990メートル付近《ふきん》で撮影《さつえい》されたもの。小《ちい》さい魚《さかな》を丸《まる》のみしようとしている。

もっと知《し》りたい

水深《すいしん》8100メートルの超深海《ちょうしんかい》（→92ページ）で暮《く》らすタコもいる。

03 深海《しんかい》の生物《せいぶつ》図鑑《ずかん》② 深《ふか》い海底《かいてい》の生《い》き物《もの》

海底《かいてい》をはったり、砂《すな》や泥《どろ》の中《なか》にもぐったり、かたいところにはりついたりなど、水底《みなそこ》に留《と》まって生活《せいかつ》する生物《せいぶつ》を「ベントス（底生生物《ていせいせいぶつ》）」といいます。ここでは、深海《しんかい》の海底《かいてい》で暮《く》らしているベントスについて紹介《しょうかい》します。

深海《しんかい》には、生《い》き物《もの》の栄養《えいよう》となるマリンスノー（↓102ページ）が降《ふ》ってきます。しかし、多《おお》くは降《ふ》ってくる途《と》中《ちゅう》でほかの生《い》き物《もの》に食《た》べられたり、分《ぶん》解《かい》されたりしてしまうので、やはり深《ふか》くなるほど少《すく》なくなります。

そのため、海底《かいてい》では、わずかな食《た》べ物《もの》をめぐって、争奪戦《そうだつせん》がくりひろげられています。水《みず》の流《なが》れに向《む》かって大《おお》きく体《からだ》を広《ひろ》げるもの、海底《かいてい》の泥《どろ》を大量《たいりょう》に食《た》べて中《なか》に含《ふく》まれる栄養《えいよう》をとっているものなど、戦略《せんりゃく》はさまざまです。

深海《しんかい》の海底《かいてい》にいるこれらの生《い》き物《もの》たちも、真《ま》っ暗《くら》で食《た》べ物《もの》が少《すく》ない過酷《かこく》な環境《かんきょう》に適応《てきおう》してたくましく暮《く》らしているのです。

ジュウモンジダコの仲間《なかま》

Grimpoteuthis sp.

写真《しゃしん》はマリアナ海溝《かいこう》セレスティアル海山《かいざん》で撮影《さつえい》された。耳《みみ》のようなひれを鳥《とり》の翼《つばさ》のように動《うご》かしてバランスをとりながら海底近《かいていちか》くを遊泳《ゆうえい》する。86ページでも紹介《しょうかい》しているが、海底《かいてい》に生息《せいそく》するときはベントスに含《ふく》まれる。

オオグチボヤ

Megalodicopia hians

オオグチボヤは、その名《な》の通《とお》り“大《おお》きな口《くち》”に見《み》える入水孔《にゅうすいこう》を開《ひら》き、水流《すいりゅう》に含《ふく》まれる有機物《ゆうきぶつ》を摂取《せっしゅ》する。入水孔《にゅうすいこう》の奥《おく》の白《しろ》い部分《ぶぶん》に、食道《しょくどう》や胃《い》、腸《ちょう》、生殖腺《せいしょくせん》が集《あつ》まっている。刺激《しげき》をあたえると、入水孔《にゅうすいこう》を閉《と》じる。水《みず》の流《なが》れが斜面《しゃめん》を上《のぼ》る場合《ばあい》など、水流《すいりゅう》に含《ふく》まれる有機物量《ゆうきぶつりょう》が多《おお》い場所《ばしょ》では、流《なが》れに対《たい》して立《た》つオオグチボヤをいくつも見《み》ることができる。

マバラマキエダウミユリ

Diplocrinus alternicirrus

下《した》は、ハワイ諸島沖《しょとうおき》、水深《すいしん》1757メートルで撮影《さつえい》。上《うえ》は、南西諸島《なんせいしょとう》海域喜界島沖《かいいききかいしまおき》、水深《すいしん》1461メートルで撮影《さつえい》。ナマコやヒトデと同《おな》じ棘皮動物《きょくひどうぶつ》の仲間《なかま》である。ウミユリは、流《なが》れに対《たい》し“帆《ほ》”をはるように腕《うで》を広《ひろ》げて、海水中《かいすいちゅう》の有機物《ゆうきぶつ》をこしとっている。中央《ちゅうおう》に口《くち》がある。腕《うで》の長《なが》さは7～10センチメートル。

もっと知《し》りたい

ベントスに対《たい》して、海中《かいちゅう》を泳《およ》ぎ回《まわ》る生《い》き物《もの》を「ネクトン（遊泳生物《ゆうえいせいぶつ》）」という。

八方《はっぽう》サンゴの仲間《なかま》

Octocorallia

58ページで紹介《しょうかい》した造礁《ぞうしょう》サンゴ（六方《ろっぽう》サンゴ）は藻類《そうるい》と共生《きょうせい》して栄養《えいよう》をとっているが、深海《しんかい》で暮《く》らす八方《はっぽう》サンゴは小《ち》さなプランクトンやマリンスノーなどを触手《しょくしゅ》で捕食《ほしょく》する。寿命《じゅみょう》が長《なが》く、数《すう》千年《せんねん》も生《い》きているものもいる。

エボシナマコの仲間《なかま》

***Psychropotes* sp.**

淡《あわ》い紫色《むらさきいろ》をしたナマコの仲間《なかま》。後端《こうたん》に「帆《ほ》」のような突起《とっき》があるが、機能《きのう》や使《つか》い方《かた》などはよくわかっていない。写《しゃ》真《しん》は、赤道《せきどう》付近《ふきん》にあるフェニックス諸島《しょとう》の水《すい》深《しん》5700～5800メートル付近《ふきん》で撮影《さつえい》された。

ヒモツキカイメンの仲間《なかま》

Bolosominae

水深《すいしん》1000～3000メートルの海底《かいてい》にくっついて生活《せいかつ》している。ヒモツキカイメン類《るい》が含《ふく》まれる六放海《ろっぽうかい》綿《めん》は、ガラスファイバーのように見《み》える骨片《こっぺん》をもつため「ガラス海《かい》綿《めん》」とよばれている。

ギボシムシの仲間《なかま》

Enteropneusta

ヒモのような体《からだ》の先《さき》にあるふくらんだ部分《ぶぶん》が、擬宝珠《ぎぼし》（神社《じんじゃ》や寺《てら》などで見《み》られる玉《たま》ねぎのような形《かたち》の飾《かざ》り）に似《に》ていることから「ギボシムシ」とよばれている。写《しゃ》真《しん》は、水深《すいしん》4829メートルで撮影《さつえい》されたもの。

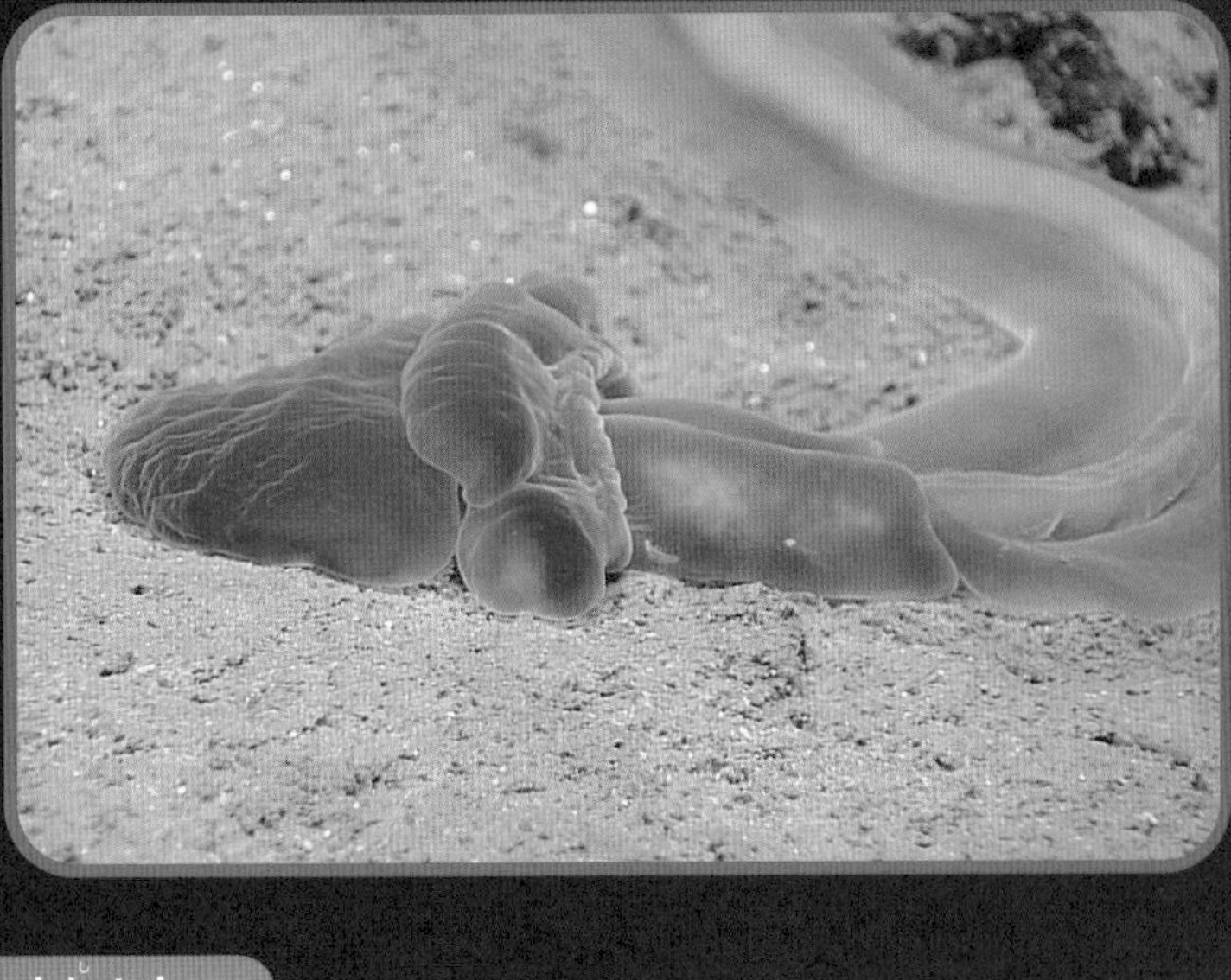

もっと知《し》りたい

六方《ろっぽう》サンゴは触手《しょくしゅ》の数《かず》が6の倍数《ばいすう》、八方《はっぽう》サンゴは8の倍数《ばいすう》になっている。

04 水深《すいしん》6000メートル以上《いじょう》の超深海《ちょうしんかい》にいる生《い》き物《もの》

海底《かいてい》では、海《うみ》のプレートが大陸《たいりく》のプレートの下《した》に沈《しず》みこむところに、細長《ほそなが》くくぼんだ谷間《たにま》のような地形《ちけい》ができます（↓38ページ）。そのうち、最《もっと》も深《ふか》いところが6000メートル以上《いじょう》のものを「海溝《かいこう》」といいます。そして、6000メートルより深《ふか》い海《うみ》のことを「超深海《ちょうしんかい》」とよびます。

超深海《ちょうしんかい》は水圧《すいあつ》が高《たか》いので、生《い》き物《もの》もそれほどいないのではないかと思《おも》われていました。しかし、近年《きんねん》の研究《けんきゅう》で、超深海《ちょうしんかい》にもさまざまな生《い》き物《もの》たちが暮《く》らしていることがわかってきました。

超深海《ちょうしんかい》では、ナマコやヨコエビ、イソギンチャクの仲間《なかま》などが見《み》つかっています。

また、2022年《ねん》には、伊《い》豆《ず》・小笠《おがさ》原《わら》海溝《かいこう》の水深《すいしん》8336メートルの地点《ちてん》でシンカイクサウオの仲間《なかま》が撮影《さつえい》されました。これは、世界《せかい》で最《もっと》も深《ふか》い場所《ばしょ》で確認《かくにん》された魚《さかな》として、ギネス世界記《せかいき》録《ろく》にも認定《にんてい》されています。

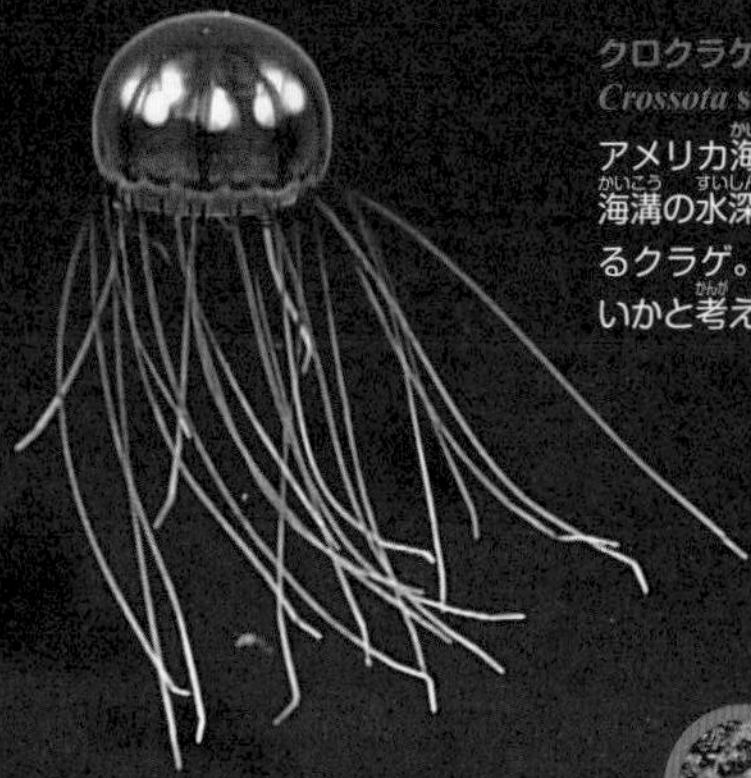

クロクラゲの仲間《なかま》

Crossota sp.

アメリカ海洋大気庁《かいようたいきちょう》（NOAA）がマリアナ海溝《かいこう》の水深《すいしん》3700メートルで観測《かんそく》した発光《はっこう》するクラゲ。クロクラゲの仲間《なかま》の新種《しんしゅ》ではないかと考《かんが》えられている。

クマナマコの仲間《なかま》

Elpidiidae sp.

マリアナ海溝《かいこう》のシレナ海淵《かいえん》（水深《すいしん》1万《まん》809メートル）で撮影《さつえい》されたクマナマコの仲間《なかま》。深海《しんかい》には非常《ひじょう》に多《おお》くのナマコが生息《せいそく》しているが、超深海《ちょうしんかい》ではクマナマコの仲間《なかま》が多《おお》くなる。このナマコは半透明《はんとうめい》の体《からだ》に触覚《しょっかく》のような突起《とっき》をもっている。

世界最深部《せかいさいしんぶ》で確認《かくにん》された魚《さかな》

2022年《ねん》に、東京海洋大学《とうきょうかいようだいがく》、西《にし》オーストラリア大学《だいがく》などによる研究《けんきゅう》チームが、伊豆《いず》・小笠原海溝《おがさわらかいこう》の水深《すいしん》8336メートル地点《ちてん》で撮影《さつえい》した写真《しゃしん》。ゼラチン質《しつ》の体《からだ》をもつクサウオ科《か》の深海魚《しんかいぎょ》「シンカイクサウオ」の仲間《なかま》とみられる。

もっと知《し》りたい

2022年《ねん》までは、魚《さかな》が生息《せいそく》できるのは水深《すいしん》8200メートルまでと考《かんが》えられていた。

やすみじかん

まぼろしの深海魚《しんかいぎょ》

リュウグウノツカイ

　暗《くら》い海《うみ》の底《そこ》で、水玉模様《みずたまもよう》の入《はい》った銀色《ぎんいろ》の長《なが》い体《からだ》をのばし、真《ま》っ赤《か》なひれをゆらしながら泳《およ》ぐ魚《さかな》がいます。リュウグウノツカイです。神秘的《しんぴてき》で美《うつく》しいその姿《すがた》から「まぼろしの深海《しんかい》魚《ぎょ》」ともよばれています。

　リュウグウノツカイは、世界中《せかいじゅう》の熱帯《ねったい》や温《おん》帯《たい》の海《うみ》に生息《せいそく》していますが、くわしい生態《せいたい》は

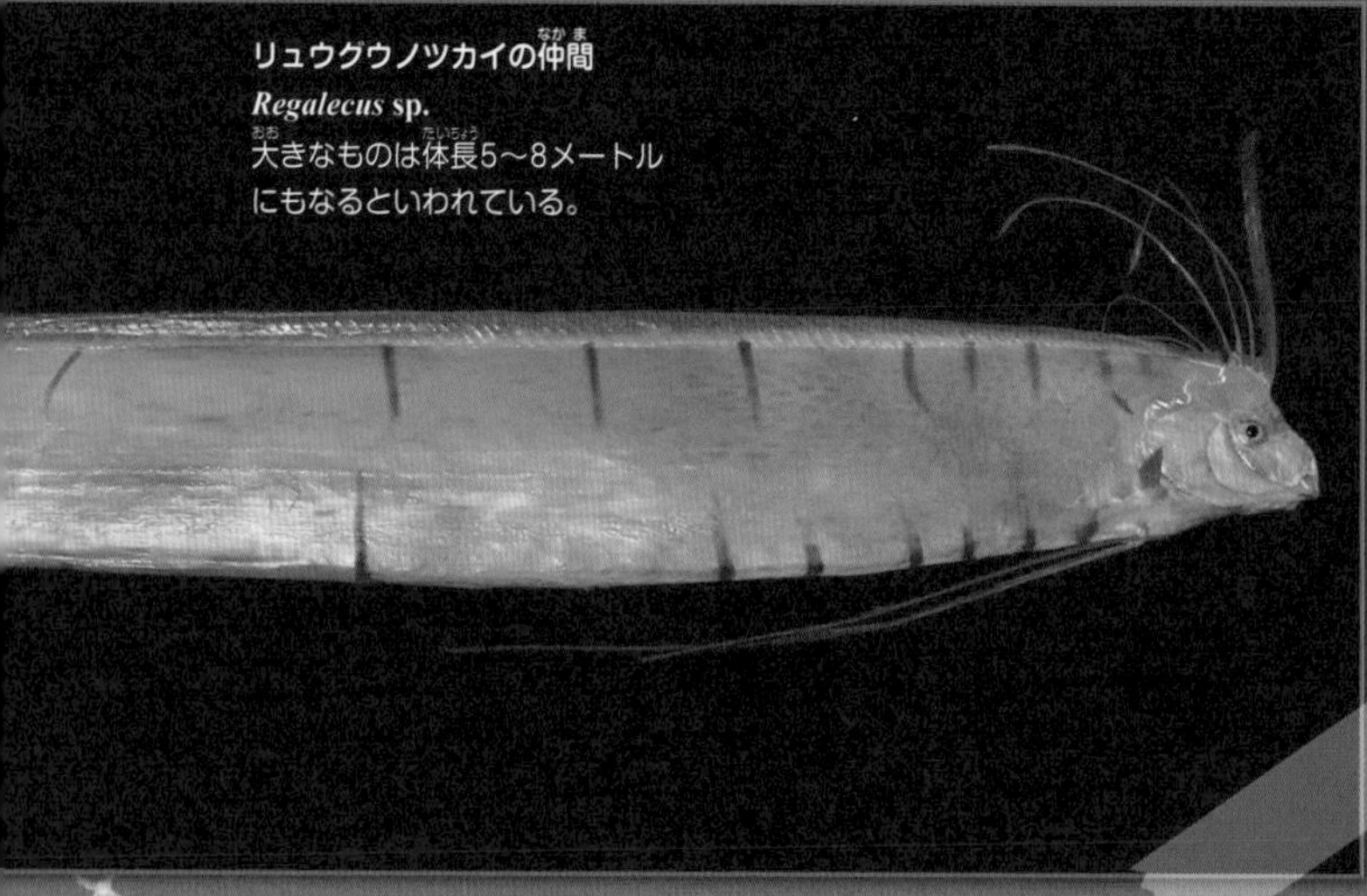

リュウグウノツカイの仲間《なかま》
***Regalecus* sp.**
大《おお》きなものは体長《たいちょう》5〜8メートルにもなるといわれている。

まだよくわかっていません。たまに、浅瀬《あさせ》に迷《まよ》いこんだり、漁業《ぎょぎょう》の網《あみ》にかかったりして、私《わたし》たちの前《まえ》に姿《すがた》をあらわすことがあります。

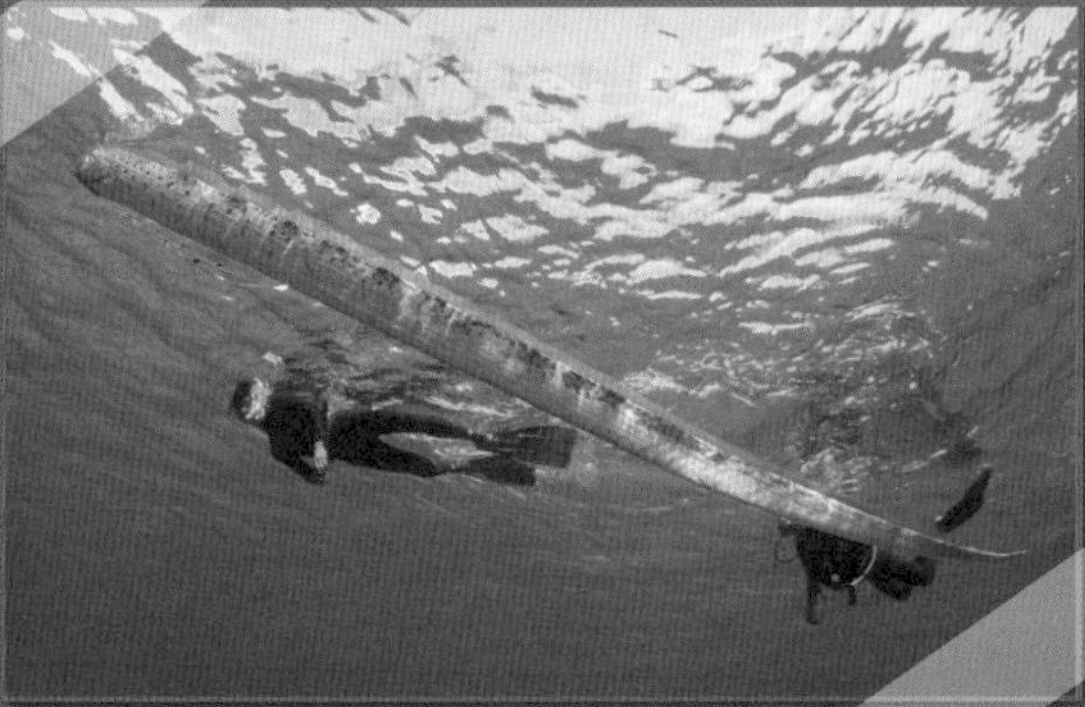

奄美大島《あまみおおしま》の海面近《かいめんちか》くにあらわれたリュウグウノツカイを撮影《さつえい》した写真《しゃしん》。ダイバーの大《おお》きさと比較《ひかく》するに、おそらく体長《たいちょう》5メートルほど。

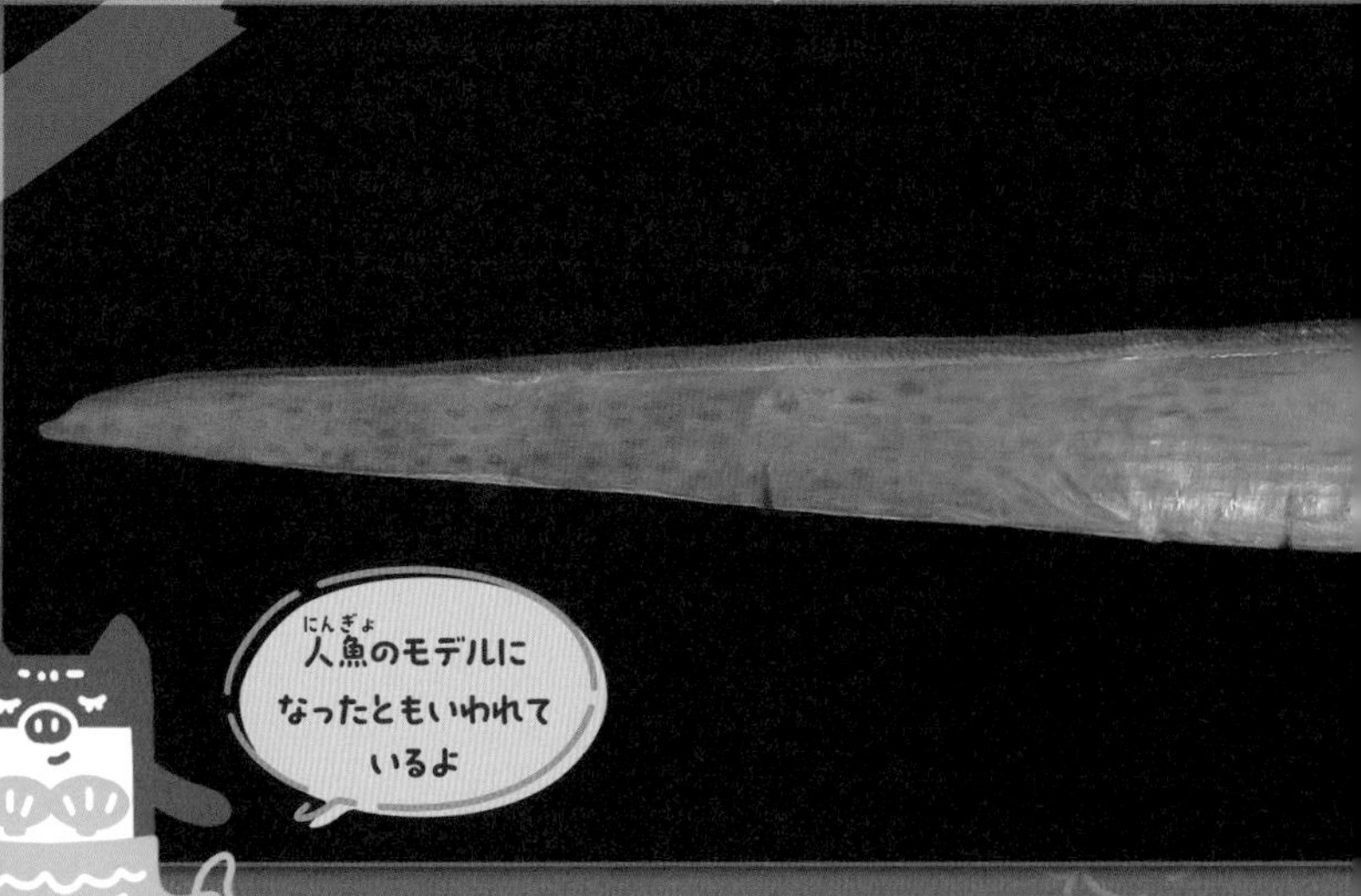

人魚《にんぎょ》のモデルに
なったともいわれて
いるよ

05 ふわふわと深海《しんかい》をただようプランクトンたち

ここではプランクトンについて紹介《しょうかい》します。プランクトンとは、「水中《すいちゅう》をただよいながら暮《く》らすもの」のことです。光合成《こうごうせい》をする「植物《しょくぶつ》プランクトン」と、植物《しょくぶつ》プランクトンを食《た》べる「動物《どうぶつ》プランクトン」に加《くわ》え、細菌《さいきん》などの小《ちい》さな生《い》き物《もの》も含《ふく》まれます。

プランクトンには、「顕微鏡《けんびきょう》がないと見《み》えないくらい小《ちい》さい生《い》き物《もの》」というイメージがあるかもしれませんが、サイズに関係《かんけい》なく、泳《およ》ぐ力《ちから》が弱《よわ》い生《い》き物《もの》を指《さ》す言葉《ことば》です。したがって、大《おお》きなクラゲの仲間《なかま》なども実《じつ》はプランクトンなのです。

深海《しんかい》は、光合成《こうごうせい》に必要《ひつよう》な光《ひかり》が届《とど》かないので、植物《しょくぶつ》プランクトンは暮《く》らしにくい環境《かんきょう》です。しかし、マリンスノー（↓102ページ）などに含《ふく》まれる栄《えい》養《よう》やほかのプランクトンを食《た》べるプランクトンはいくつも確認《かくにん》されています。おかげで、深海《しんかい》にも生態系《せいたいけい》（↓80ページ）が成《な》り立《た》っているのです。

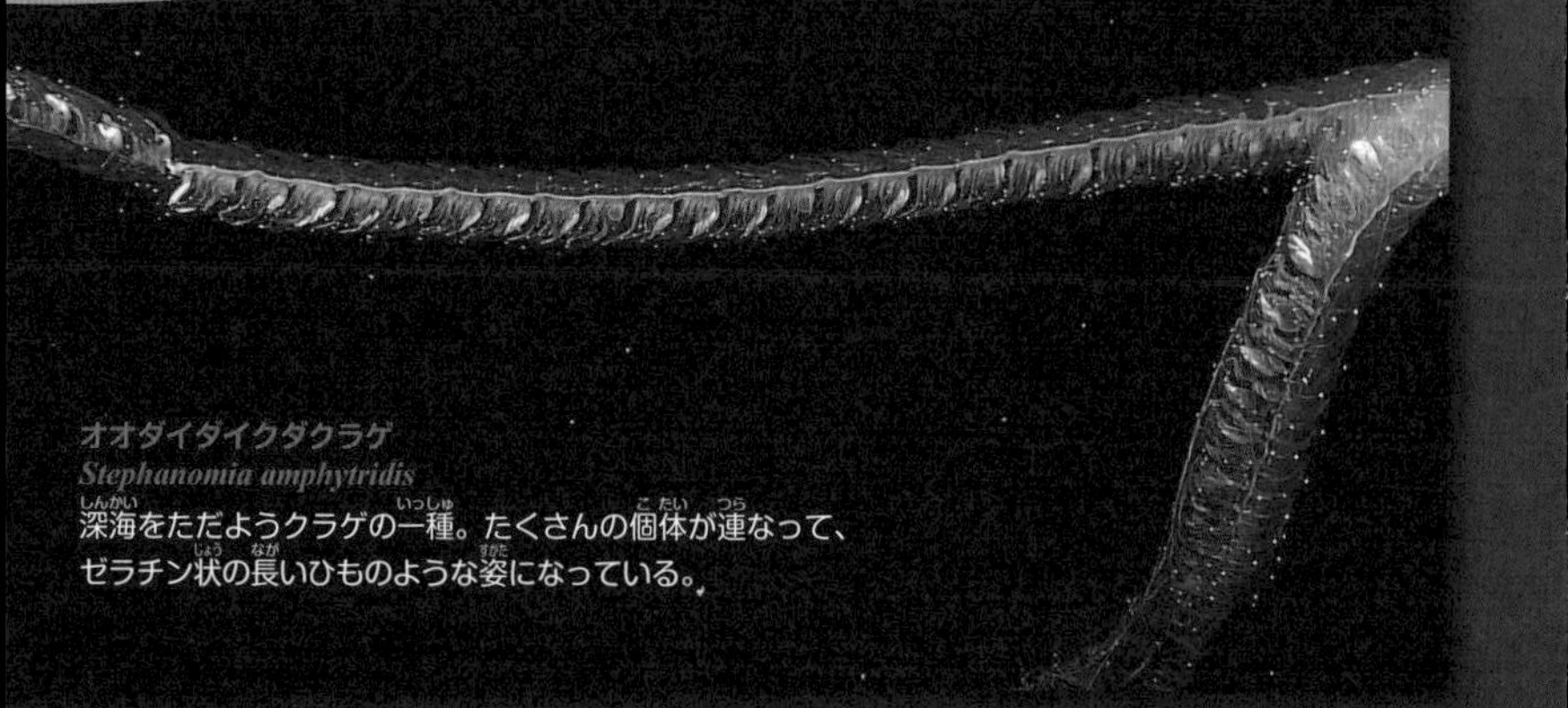

オオダイダイクダクラゲ

Stephanomia amphytridis

深海《しんかい》をただようクラゲの一種《いっしゅ》。たくさんの個体《こたい》が連《つら》なって、ゼラチン状《じょう》の長《なが》いひものような姿《すがた》になっている。

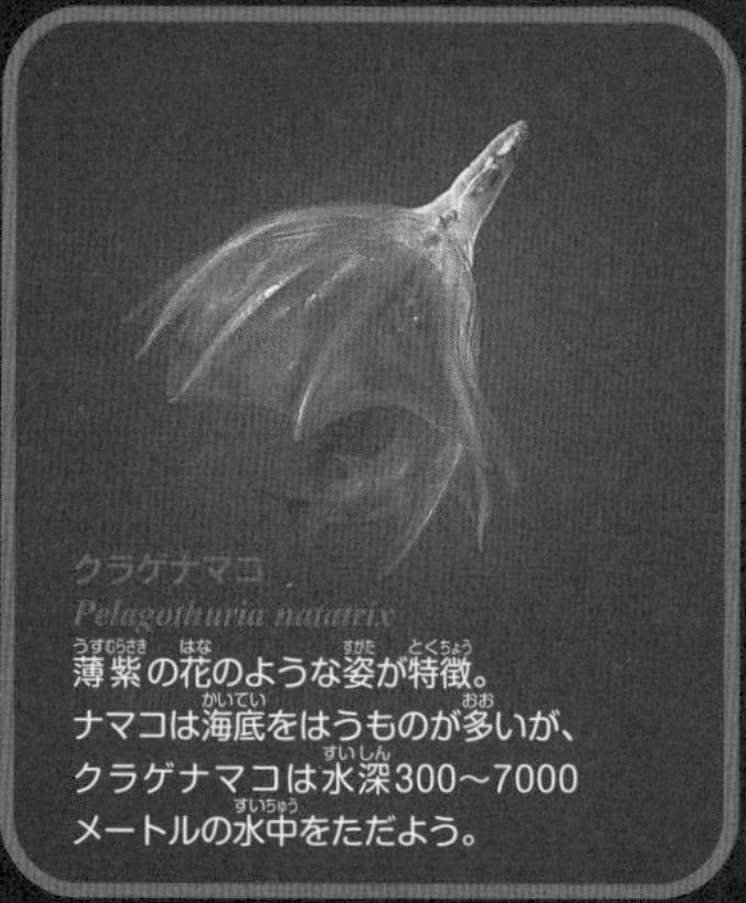

クラゲナマコ

Pelagothuria natatrix

薄紫《うすむらさき》の花《はな》のような姿《すがた》が特徴《とくちょう》。ナマコは海底《かいてい》をはうものが多《おお》いが、クラゲナマコは水深《すいしん》300～7000メートルの水中《すいちゅう》をただよう。

フェオダリアの仲間《なかま》

Phaeodaria

たくさんの個体《こたい》が、シリカ（二酸化《にさんか》ケイ素《そ》）でできた殻《から》に包《つつ》まれている。写真《しゃしん》は水深《すいしん》710メートルで撮影《さつえい》された。

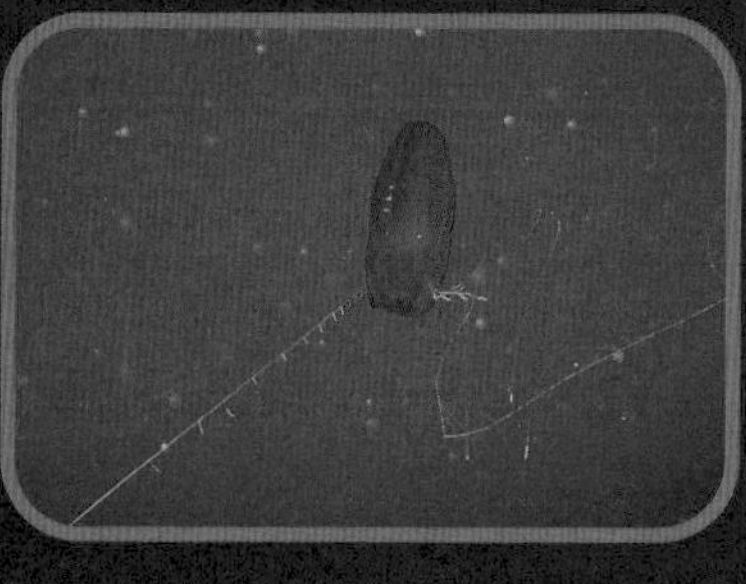

フウセンクラゲの仲間《なかま》

Cydippida

名前《なまえ》に「クラゲ」が入《はい》っているが、クラゲの仲間《なかま》ではなくクシクラゲの仲間《なかま》。体《からだ》の表面《ひょうめん》にある櫛形《くしがた》のスジが光《ひかり》を反射《はんしゃ》し、虹色《にじいろ》に光《ひか》る。

もっと知《し》りたい

魚《さかな》、エビ、カニ、貝《かい》など、多《おお》くの海《うみ》の生《い》き物《もの》が卵《たまご》や幼生《ようせい》の間《あいだ》はプランクトンである。

06 長《なが》い腕《うで》をもつ海《うみ》の怪物《かいぶつ》 ダイオウイカ

全長《ぜんちょう》18メートルにもなるダイオウイカは、無脊椎動物《むせきついどうぶつ》（背骨《せぼね》をもたない動物《どうぶつ》）の中《なか》で最大《さいだい》の生《い》き物《もの》です。ふだんは水深《すいしん》650〜900メートルの深海《しんかい》で暮《く》らしていますが、まれに浅《あさ》い海《うみ》で目撃《もくげき》されたり、海岸《かいがん》に打《う》ち上《あ》げられていることもあります。

ダイオウイカの特徴《とくちょう》は、なんといっても長《なが》い腕《うで》です。とくに、獲物《えもの》をとらえるときに使《つか》う

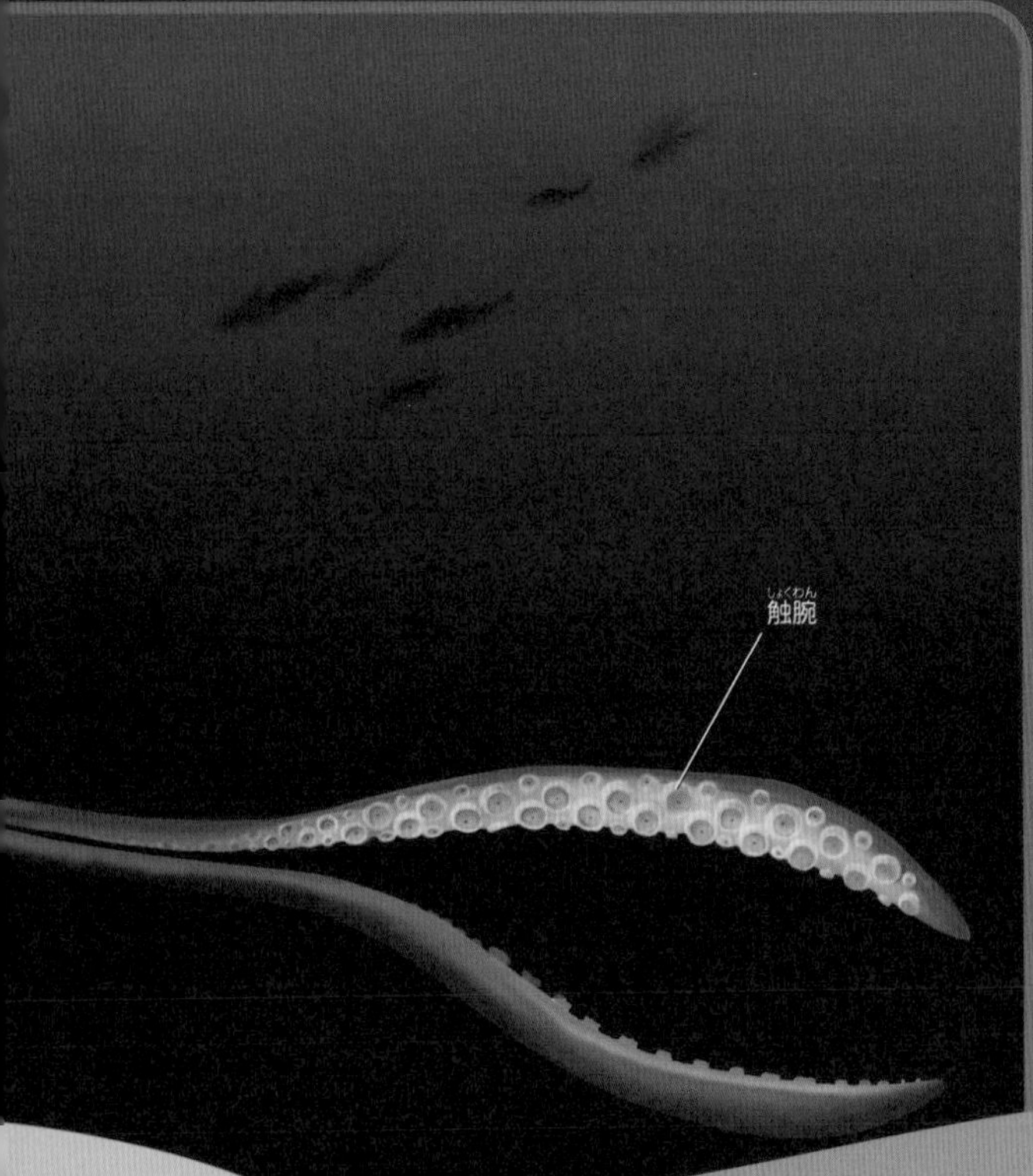

「触腕《しょくわん》」とよばれる2本《ほん》は、ほかのイカ（→68ページ）とくらべても非常《ひじょう》に長《なが》くなっています。これまでに観察《かんさつ》されたダイオウイカの記録《きろく》では、全長《ぜんちょう》のおよそ3分《ぶん》の2が触腕《しょくわん》でした。たとえば、全長《ぜんちょう》18メートルのダイオウイカなら、触腕《しょくわん》は12メートルにおよぶ計算《けいさん》になります。

　これまでダイオウイカは、世《せ》界中《かいじゅう》に約《やく》15～19種《しゅ》いるといわれていましたが、DNAを調《しら》べた結果《けっか》、世界《せかい》に1種《しゅ》しかいないことがわかりました。

ダイオウイカ
Architeuthis dux
深海《しんかい》を泳《およ》ぐダイオウイカのイメージ。
長《なが》い2本《ほん》の触腕《しょくわん》が特徴《とくちょう》。

もっと知《し》りたい

ダイオウイカの体《からだ》にはアンモニアが多《おお》く含《ふく》まれており、食《た》べてもあまりおいしくない。

やすみじかん

深海《しんかい》の巨大生物《きょだいせいぶつ》たち

前《まえ》のページで紹介《しょうかい》したダイオウイカのほかにも、「ダイオウ」の名前《なまえ》をもつ大《おお》きな生《い》き物《もの》たちがいます。

「ダイオウクラゲ」は、世界最大級《せかいさいだいきゅう》のクラゲです。傘《かさ》の部分《ぶぶん》は直径《ちょっけい》1メートル以上《いじょう》にもなり、腕《うで》は10メートルをこえることもあります。

「ダイオウグソクムシ」は、大《おお》きさ50センチメートル近《ちか》くにもなる巨大《きょだい》なダンゴムシの仲《なか》間《ま》です。食《た》べ物《もの》が少《すく》ない環境《かんきょう》に強《つよ》く、何《なに》も食《た》

深海底《しんかいてい》に生息《せいそく》する巨大《きょだい》なダイオウグソクムシ。水族館《すいぞくかん》で飼育《しいく》されていることも多《おお》い。ダンゴムシの仲間《なかま》だが、きれいに丸《まる》くなることはできないそうだ。

べずに5年《ねん》も生《い》きた例《れい》があるそうです。

　こうした生《い》き物《もの》たちは、食《た》べ物《もの》の少《すく》ない深《しん》海《かい》でなぜ巨大化《きょだいか》できたのでしょうか？　それについてはまだよく分《わ》かっていません。深海《しんかい》の世界《せかい》はまだまだ謎《なぞ》に満《み》ちています。ほかにも、私《わたし》たちの知《し》らない巨大《きょだい》な生《い》き物《もの》がいる可《か》能性《のうせい》もあります。

長《なが》い腕《うで》（口腕《こうわん》）が特徴《とくちょう》のダイオウクラゲ。北極海《ほっきょくかい》をのぞく世界中《せかいじゅう》の海《うみ》の、水深《すいしん》3000メートル付近《ふきん》までで観測《かんそく》されている。

07 深海《しんかい》の栄養源《えいようげん》は「海《うみ》の雪《ゆき》」!? マリンスノー

生《い》き物《もの》どうしの「食《く》う・食《く》われる」関係《かんけい》を「食物連鎖《しょくもつれんさ》」といいます（↓80ページ）。海《うみ》の食物連鎖《しょくもつれんさ》で、とくに重要《じゅうよう》な役割《やくわり》を果《は》たしているものの一《ひと》つが、「マリンスノー」とよばれる物質《ぶっしつ》です。

マリンスノーは、海《うみ》の上《うえ》のほうにいるプランクトンなどの生《い》き物《もの》の死骸《しがい》やふんなどが固《かた》まってできた物質《ぶっしつ》で、世《せ》界中《かいじゅう》の海《うみ》で見《み》ることができます。色《いろ》が白《しろ》っぽく、海《うみ》の中《なか》をただよいながら沈《しず》んでいくようすが雪《ゆき》のように見《み》えることが、名前《なまえ》の由来《ゆらい》です。

マリンスノーは有機物《ゆうきぶつ》（炭素《たんそ》を含《ふく》む物質《ぶっしつ》）のかたまりで、生《い》き物《もの》たちの栄《えい》養《よう》になります。沈《しず》んでいくうちに、ほとんどが生《い》き物《もの》に食《た》べられたり分解《ぶんかい》されたりしますが、わずかな量《りょう》が深海《しんかい》まで到達《とうたつ》します。食《た》べ物《もの》が少《すく》ない深海《しんかい》では、このマリンスノーが貴重《きちょう》な栄養源《えいようげん》です。マリンスノーを食《た》べる生《い》き物《もの》がいれば、その生《い》き物《もの》を食《た》べる別《べつ》の生《い》き物《もの》も命《いのち》をつなぐことができます。

二酸化炭素《にさんかたんそ》のもとを蓄《たくわ》えるマリンスノー

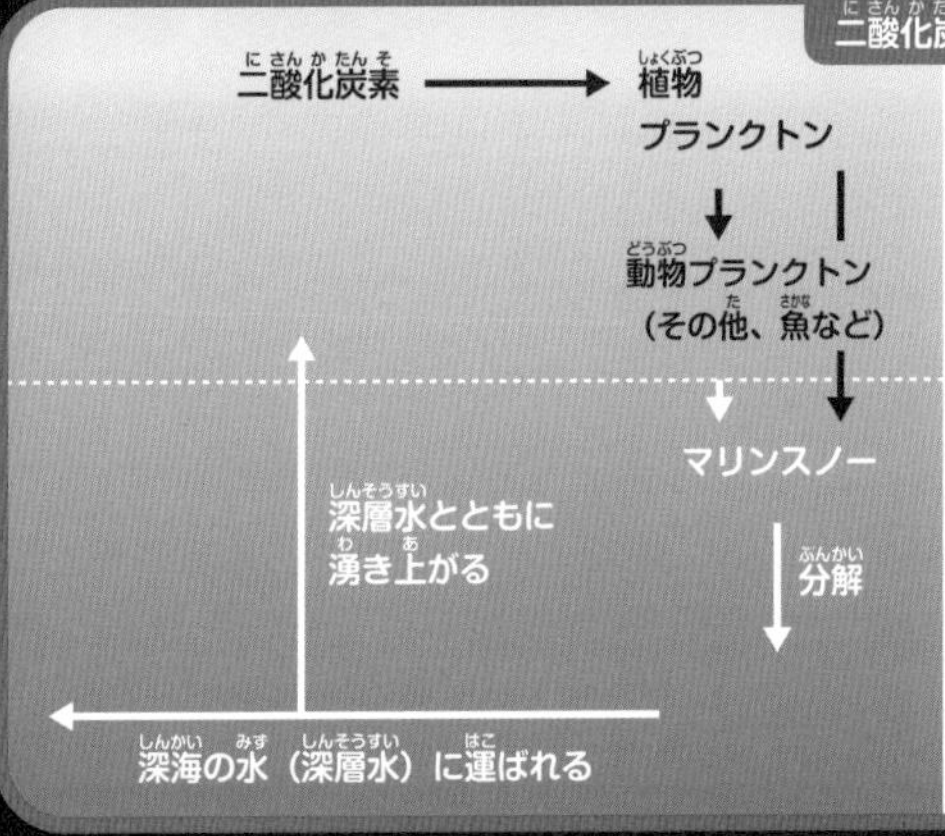

二酸化炭素《にさんかたんそ》
植物《しょくぶつ》プランクトン
動物《どうぶつ》プランクトン
(その他《た》、魚《さかな》など)
マリンスノー
分解《ぶんかい》
深層水《しんそうすい》とともに湧《わ》き上《あ》がる
深海《しんかい》の水《みず》（深層水《しんそうすい》）に運《はこ》ばれる

水中《すいちゅう》の植物《しょくぶつ》プランクトンは、光合成《こうごうせい》によって年間約《ねんかんやく》500億《おく》トンもの二酸化炭素《にさんかたんそ》を吸収《きゅうしゅう》しているが、そのうち約《やく》22%にあたる約《やく》110億《おく》トンが、有機物《ゆうきぶつ》（炭素《たんそ》を含《ふく》む物質《ぶっしつ》）に姿《すがた》をかえてマリンスノーとなっている。マリンスノーは、二酸化炭素《にさんかたんそ》のもととなる炭素《たんそ》を内部《ないぶ》に蓄《たくわ》えることで、大気中《たいきちゅう》の二酸化炭素《にさんかたんそ》を吸収《きゅうしゅう》して深海《しんかい》へ運《はこ》んでいる。

「海《うみ》の雪《ゆき》」だなんて素敵《すてき》な名前《なまえ》だね！
ゆらゆら〜

海中《かいちゅう》に“降《ふ》る”マリンスノー

浅《あさ》い海《うみ》から深海《しんかい》へゆっくり沈《しず》んでいくマリンスノー。まるで海《うみ》の中《なか》に雪《ゆき》が降《ふ》っているように見《み》える。

もっと知《し》りたい

浅《あさ》い海《うみ》から深海《しんかい》へ炭素《たんそ》が運《はこ》ばれるしくみを「生物《せいぶつ》ポンプ」という。

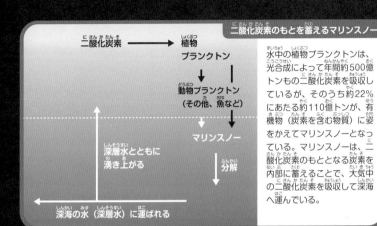

08 世界一《せかいいち》深《ふか》い海《うみ》の底《そこ》で暮《く》らす生《い》き物《もの》は何《なに》を食《た》べている？

太平洋《たいへいよう》にある「マリアナ海溝《かいこう》」は、世界《せかい》で最《もっと》も深《ふか》い海溝《かいこう》（↓38ページ）です。海底《かいてい》の水深《すいしん》は約《やく》1万《まん》900メートル。1平方《へいほう》センチメートルあたり、1トンもの水圧《すいあつ》がかかる世界《せかい》です。

そんな過酷《かこく》な環境《かんきょう》で暮《く》らす生《い》き物《もの》がいます。「カイコウオオソコエビ」です。いったいどのように暮《く》らしているのでしょうか？

2012年《ねん》に、マリアナ海溝《かいこう》の海底《かいてい》からカイコウオオソコエビをとってきて、体《からだ》を分析《ぶんせき》した研究《けんきゅう》が発表《はっぴょう》されました。その結果《けっか》、なぜか樹木《じゅもく》や植物《しょくぶつ》に含《ふく》まれる成分《せいぶん》を分解《ぶんかい》する酵素《こうそ》が見《み》つかりました。もちろん、光《ひかり》が届《とど》かない深海《しんかい》に木《き》は生《は》えていません。そして、カイコウオオソコエビの食《た》べ物《もの》は、海底《かいてい》に落《お》ちてきた魚《さかな》などの死骸《しがい》です。でも、落《お》ちてきた木《き》を食《た》べることもできるかもしれません。実際《じっさい》に、マリアナ海溝《かいこう》の底《そこ》から採取《さいしゅ》された泥《どろ》の中《なか》には、木《き》くずが混《ま》ざっていたそうです。

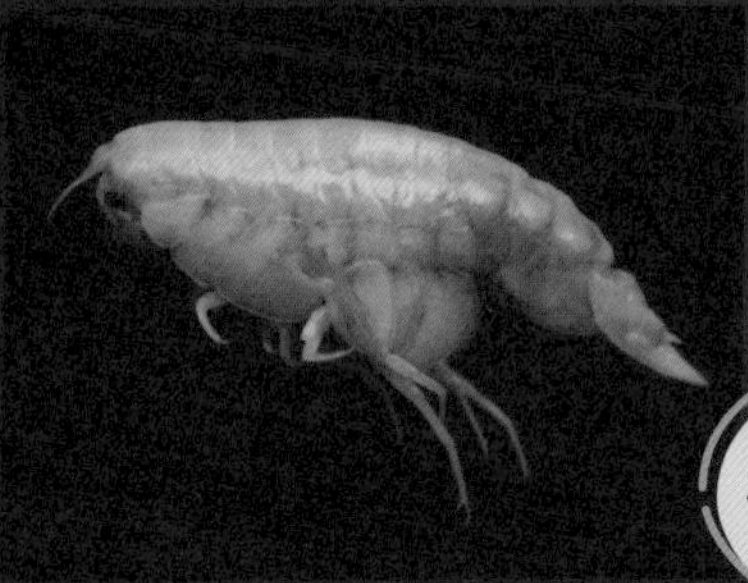

カイコウオオソコエビ
Hirondellea gigas
深海《しんかい》に暮《く》らすヨコエビの一種《いっしゅ》。
大《おお》きさは3～5センチメートル。

ヨコエビは
エビにそっくりだけど
別《べつ》の生《い》き物《もの》だよ

深海《しんかい》のヨコエビは何《なに》を食《た》べている？

超深海《ちょうしんかい》の生《い》き物《もの》が何《なに》を食《た》べて生《い》きているのかを調《しら》べるため、カイコウオオソコエビの採取《さいしゅ》が行《おこな》われた。サンプルの採取《さいしゅ》にはベイトトラップ（えさを入《い》れたわな）が使《つか》われた。

分析《ぶんせき》の結果《けっか》、カイコウオオソコエビは植物《しょくぶつ》を分解《ぶんかい》する消化酵素《しょうかこうそ》をもっていることがわかった。同時《どうじ》に採取《さいしゅ》した周辺《しゅうへん》の泥《どろ》から木片《もくへん》が見《み》つかっていることから、カイコウオオソコエビは、ほかの動物《どうぶつ》のみならず深海《しんかい》に沈《しず》んだ流木《りゅうぼく》や枯《か》れ葉《は》、タネなどを食《た》べているのではないかと予想《よそう》されている。

もっと知《し》りたい

カイコウオオソコエビの酵素《こうそ》は、環境《かんきょう》にやさしい燃料《ねんりょう》を効率《こうりつ》よくつくることができる。

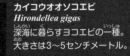

09 海底《かいてい》には化学物質《かがくぶっしつ》の“オアシス”がある

食《た》べ物《もの》が少《すく》ない深海《しんかい》に、まるで砂漠《さばく》のオアシスのように生《い》き物《もの》が集《あつ》まっている場所《ばしょ》があります。それが「熱水噴出孔《ねっすいふんしゅっこう》」や「湧水域《ゆうすいいき》」です。熱水噴出孔《ねっすいふんしゅっこう》では、海底《かいてい》にしみこんだ水《みず》がマグマによって熱《ねっ》せられ、噴《ふ》き出《だ》しています。また、プレート（↓38ページ）が沈《しず》みこむところでは、海底《かいてい》に積《つ》もった泥《どろ》などが押《お》されることで、海底《かいてい》から水《みず》がしぼり出《だ》されます。これが「湧水《ゆうすい》

域《いき》」です。熱水噴出孔《ねっすいふんしゅつこう》や湧水域《ゆうすいいき》からは、硫《りゅう》化水素《かすいそ》など、ふつうの生《い》き物《もの》にとっては毒《どく》になる化学物質《かがくぶっしつ》が出《で》ています。しかし、こうした化学物質《かがくぶっしつ》から栄養《えいよう》をつくることができる微《び》生物《せいぶつ》もいます。そうした微生物《びせいぶつ》を体《からだ》の中《なか》にすまわせて共生《きょうせい》している生《い》き物《もの》が、熱水噴出孔《ねっすいふんしゅつこう》や湧水域《ゆうすいいき》に集《あつ》まって、独自《どくじ》の生態系《せいたいけい》（→80ページ）をつくっています。このような生《い》き物《もの》たちの集《あつ》まりを「化学《かがく》合成生物群集《ごうせいせいぶつぐんしゅう》」といいます。

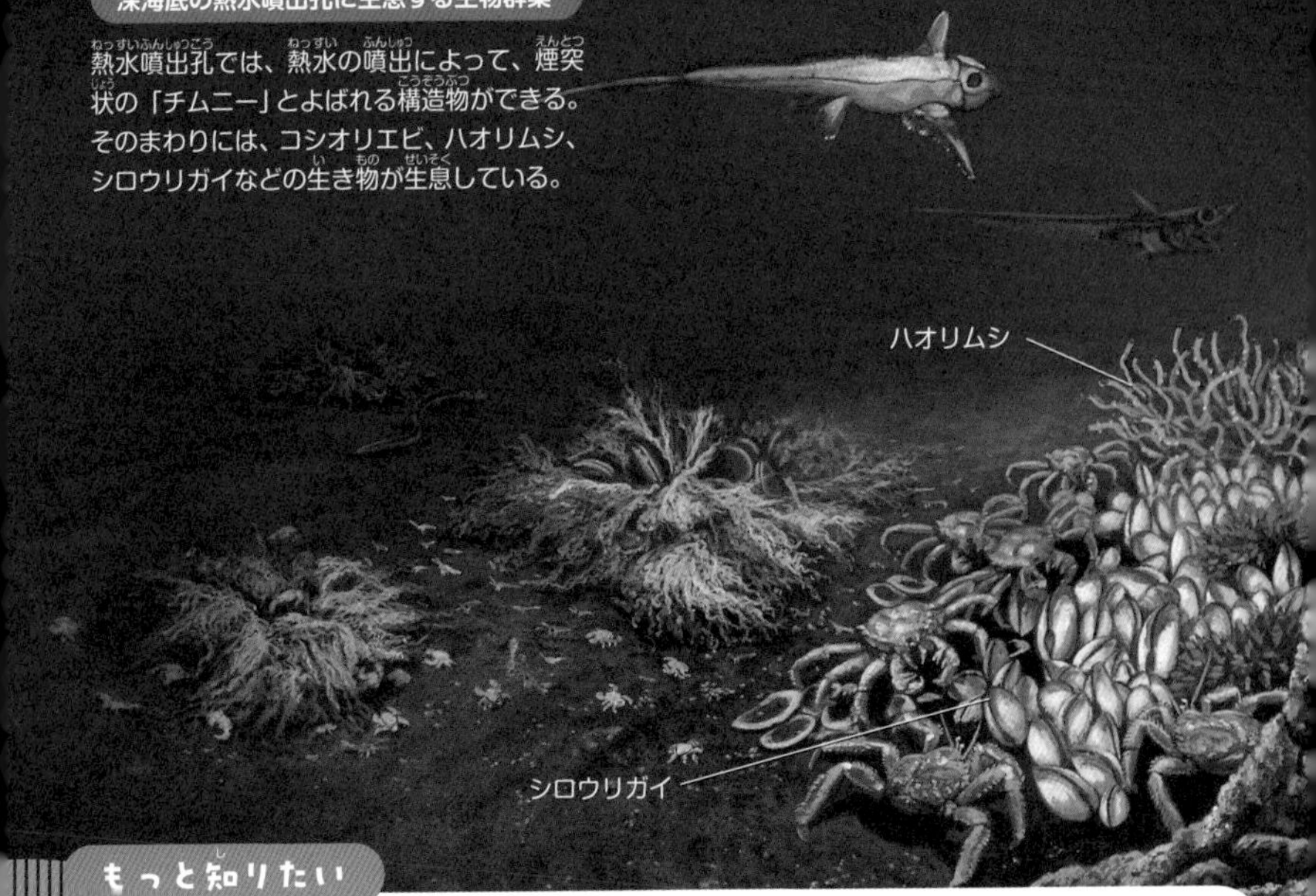

深海底《しんかいてい》の熱水噴出孔《ねっすいふんしゅつこう》に生息《せいそく》する生物群集《せいぶつぐんしゅう》

熱水噴出孔《ねっすいふんしゅつこう》では、熱水《ねっすい》の噴出《ふんしゅつ》によって、煙突《えんとつ》状《じょう》の「チムニー」とよばれる構造物《こうぞうぶつ》ができる。そのまわりには、コシオリエビ、ハオリムシ、シロウリガイなどの生《い》き物《もの》が生息《せいそく》している。

もっと知《し》りたい

チムニー（chimney）は英語《えいご》で「煙突《えんとつ》」という意味《いみ》。

10 クジラの骨《ほね》も生《い》き物《もの》たちの“オアシス”になる

前《まえ》のページで紹介《しょうかい》した「化学合成生物《かがくごうせいせいぶつ》群集《ぐんしゅう》」は、熱水噴出孔《ねっすいふんしゅつこう》や湧水域《ゆうすいいき》のほかにも、意外《いがい》な場所《ばしょ》で確認《かくにん》されています。

それは、クジラの骨《ほね》です。非常《ひじょう》に大《おお》きな動物《どうぶつ》であるクジラの死骸《しがい》は、深海《しんかい》の生《い》き物《もの》たちにとってはとてつもない量《りょう》のごちそうになります。

深海《しんかい》には、嫌気性細菌《けんきせいさいきん》（生《い》きるのに酸素《さんそ》を必要《ひつよう》としない細菌《さいきん》）がいます。クジラの死骸《しがい》に含《ふく》まれる栄養《えいよう》を嫌気性細菌《けんきせいさいきん》が食《た》べて分解《ぶんかい》すると、硫化水素《りゅうかすいそ》やメタンな

クジラさん
どうぞやすらかに…

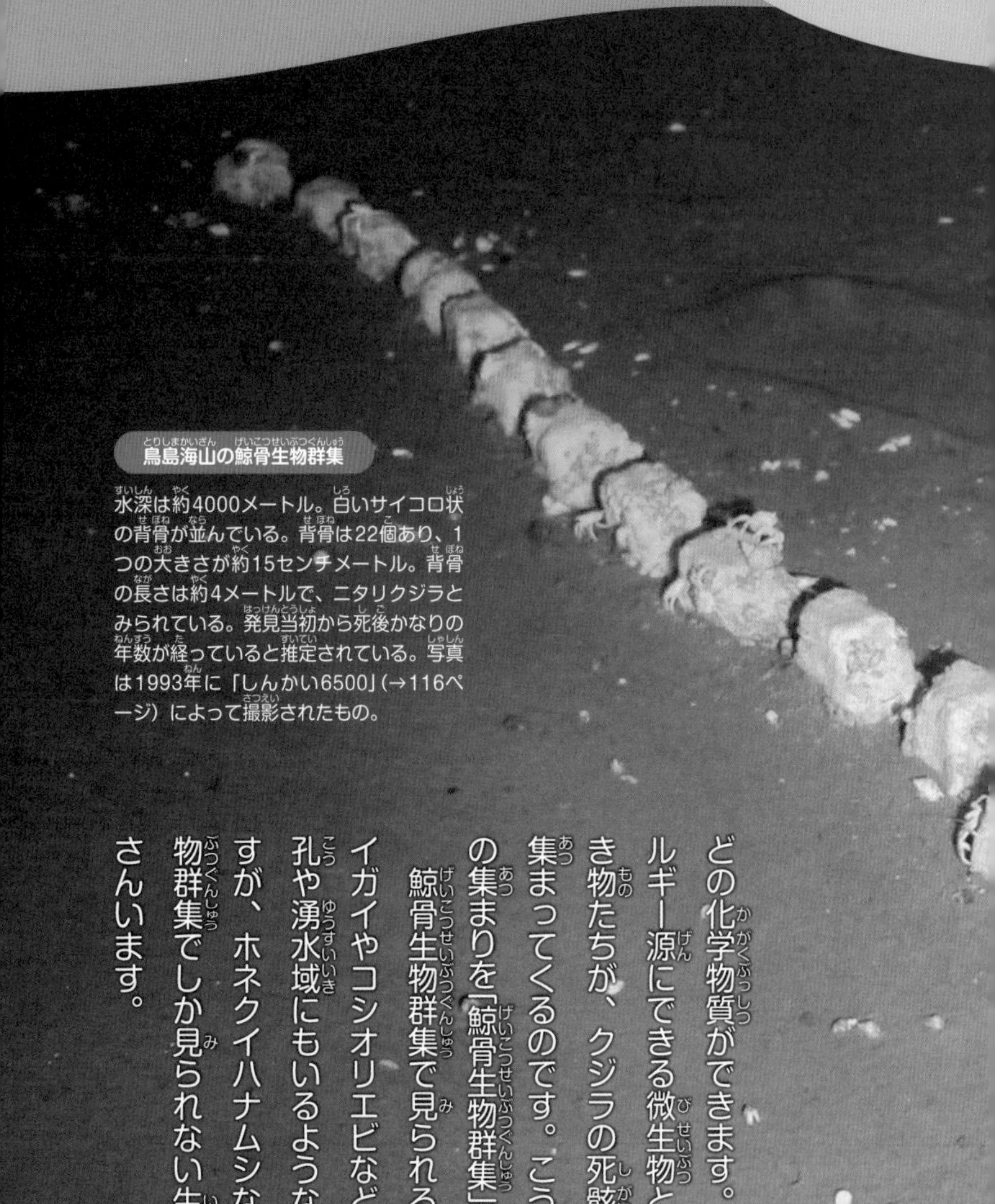

鳥島海山《とりしまかいざん》の鯨骨生物群集《げいこつせいぶつぐんしゅう》

水深《すいしん》は約《やく》4000メートル。白《しろ》いサイコロ状《じょう》の背骨《せぼね》が並《なら》んでいる。背骨《せぼね》は22個《こ》あり、1つの大《おお》きさが約《やく》15センチメートル。背骨《せぼね》の長《なが》さは約《やく》4メートルで、ニタリクジラとみられている。発見当初《はっけんとうしょ》から死後《しご》かなりの年数《ねんすう》が経《た》っていると推定《すいてい》されている。写真《しゃしん》は1993年《ねん》に「しんかい6500」(→116ページ）によって撮影《さつえい》されたもの。

どの化学物質《かがくぶっしつ》ができます。これをエネルギー源《げん》にできる微生物《びせいぶつ》と共生《きょうせい》する生《い》き物《もの》たちが、クジラの死骸《しがい》のまわりに集《あつ》まってくるのです。こうした生《い》き物《もの》の集《あつ》まりを「鯨骨生物群集《げいこつせいぶつぐんしゅう》」といいます。

鯨骨生物群集《げいこつせいぶつぐんしゅう》で見《み》られる生《い》き物《もの》は、イガイやコシオリエビなど、熱水噴出孔《ねっすいふんしゅつこう》や湧水域《ゆうすいいき》にもいるようなものもいますが、ホネクイハナムシなど、鯨骨生物群集《げいこつせいぶつぐんしゅう》でしか見《み》られない生《い》き物《もの》もたくさんいます。

もっと知《し》りたい

ホネクイハナムシは別名《べつめい》「ゾンビワーム」。クジラの骨《ほね》をとかし、中《なか》の栄養《えいよう》を吸《す》う。

やすみじかん

最初《さいしょ》の生命《せいめい》が生《う》まれた場所《ばしょ》

地球初《ちきゅうはつ》の生命《せいめい》は、深海《しんかい》の熱水噴出孔《ねっすいふんしゅつこう》（→106ページ）で誕生《たんじょう》したという説《せつ》があります。

生《い》き物《もの》の体《からだ》にかかせないタンパク質《しつ》は、アミノ酸《さん》が連《つら》なったものです。熱水噴出孔《ねっすいふんしゅつこう》には、生《い》き物《もの》がつくりだしたのではないアミノ酸《さん》が含《ふく》まれていて、生命《せいめい》の材料《ざいりょう》が存在《そんざい》する可能性《かのうせい》があるのです。

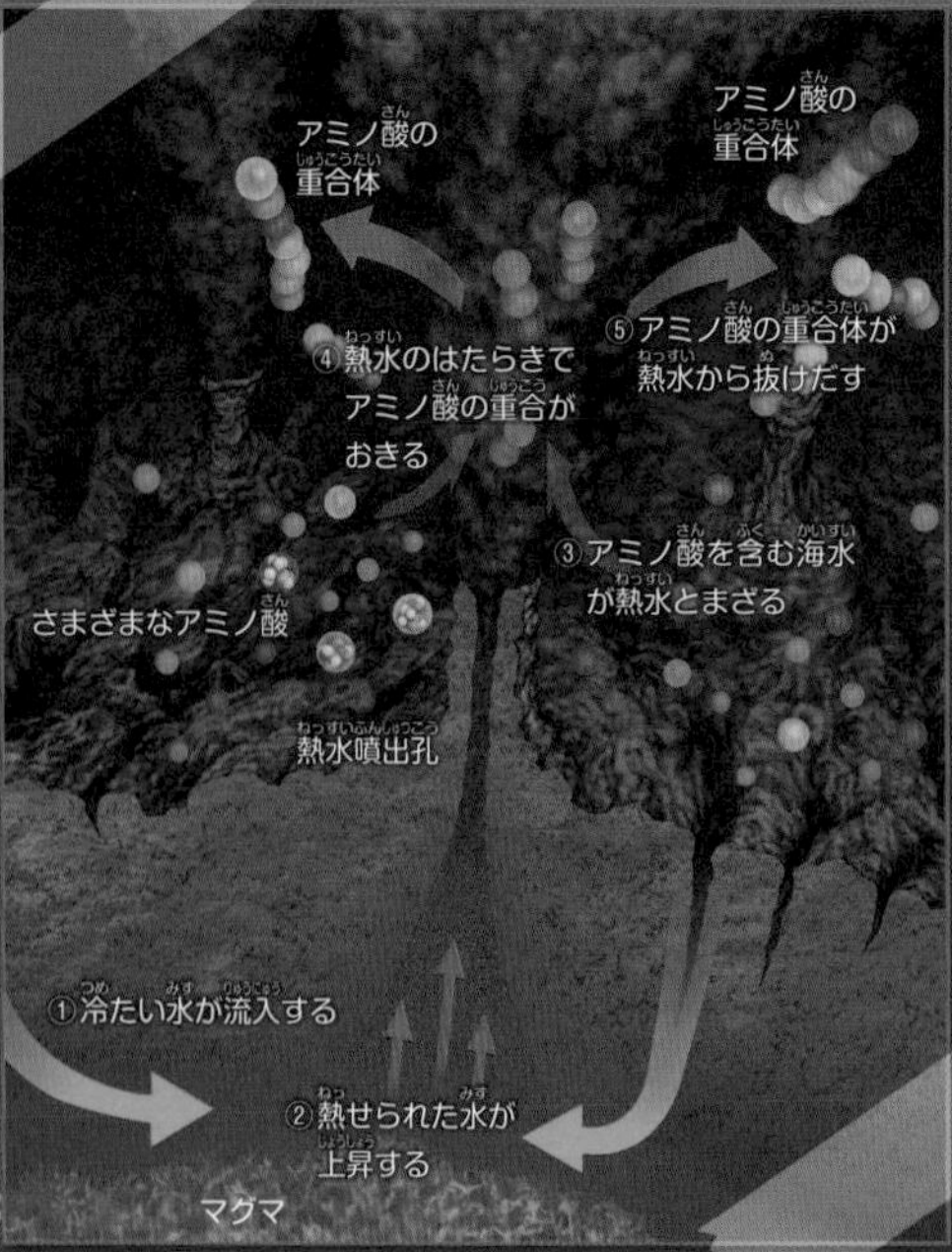
アミノ酸《さん》の重合体《じゅうごうたい》
アミノ酸《さん》の重合体《じゅうごうたい》
④熱水《ねっすい》のはたらきでアミノ酸《さん》の重合《じゅうごう》がおきる
⑤アミノ酸《さん》の重合体《じゅうごうたい》が熱水《ねっすい》から抜《ぬ》けだす
③アミノ酸《さん》を含《ふく》む海水《かいすい》が熱水《ねっすい》とまざる
さまざまなアミノ酸《さん》
熱水噴出孔《ねっすいふんしゅつこう》
①冷《つめ》たい水《みず》が流入《りゅうにゅう》する
②熱《ねっ》せられた水《みず》が上昇《じょうしょう》する
マグマ

熱水噴出孔《ねっすいふんしゅつこう》の熱水《ねっすい》の作用《さよう》で、アミノ酸《さん》が連《つら》なる（重合《じゅうごう》する）イメージ。アミノ酸《さん》がたくさん連《つら》なるとタンパク質《しつ》ができる。

タンパク質《しつ》は
体《からだ》づくりの
基本《きほん》です！

4
じかんめ
海中《かいちゅう》への冒険《ぼうけん》

むかしから、海《うみ》は多《おお》くの人々《ひとびと》の好奇心《こうきしん》を刺激《しげき》してきました。海《うみ》の中《なか》はどうなっているの？ 深海《しんかい》や、海底《かいてい》のさらに下《した》は？ そんな謎《なぞ》を解明《かいめい》するため、今《いま》でもさまざまな潜水調査船《せんすいちょうさせん》や探査機《たんさき》がつくられています。さあ、海《うみ》の中《なか》を冒険《ぼうけん》しましょう。

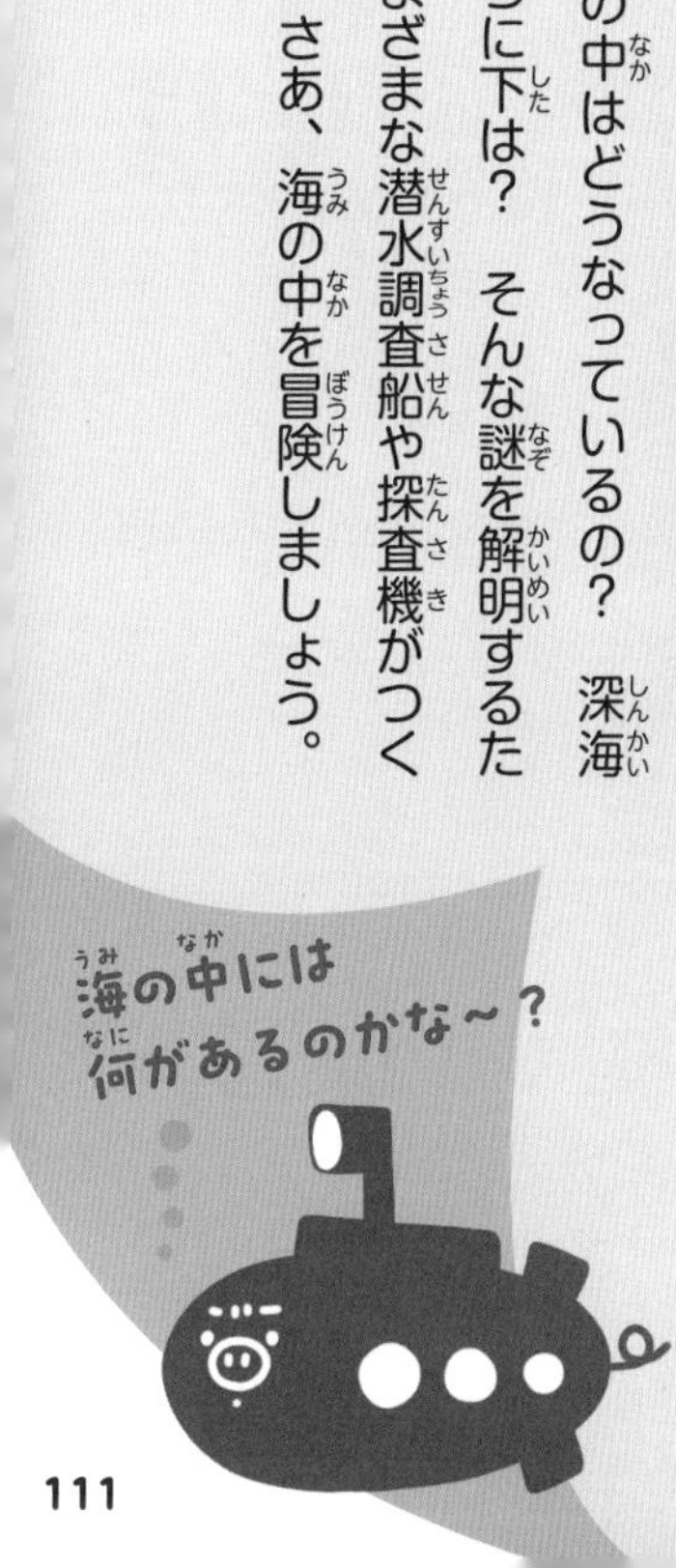

01

古《ふる》くから人々《ひとびと》は海《うみ》の中《なか》を目指《めざ》した

15世紀《せいき》に「大航海時代《だいこうかいじだい》」がスタートすると、人々《ひとびと》は世界中《せかいじゅう》の海《うみ》を探検《たんけん》するようになり、やがて潜水装置《せんすいそうち》をつくって海《うみ》の中《なか》の世界《せかい》をめざしはじめました。最初《さいしょ》に考案《こうあん》された潜水装置《せんすいそうち》は、「ダイビング・ベル（潜水鐘《せんすいしょう》）」とよばれる装置《そうち》です。16世紀《せいき》ごろには、浅《あさ》い海《うみ》や湖《みずうみ》で沈没船《ちんぼつせん》の調査《ちょうさ》などに使《つか》われました。

１９３４年《ねん》、アメリカのウィリアム・ビービたちは、潜水球《せんすいきゅう》「バチスフェア」をつくり、バミューダ沖《おき》で水深《すいしん》９２３メートルの潜水《せんすい》に成功《せいこう》しました。１９４８年《ねん》には、フランスが深海潜水艇《しんかいせんすいてい》「バチスカーフ」をつくりました。１９６０年《ねん》には、深海潜水調査艇《しんかいせんすいちょうさてい》「トリエステ」が、マリアナ海溝《かいこう》で１万《まん》９１５メートルの潜水《せんすい》に成功《せいこう》しています。

日本《にほん》では、１９２９年《ねん》に、西村一松《にしむらいちまつ》によって水深《すいしん》２００メートルまでもぐれる「西村式豆潜水艇《にしむらしきまめせんすいてい》」がつくられました。１９３５年《ねん》には、３００メートル潜水《せんすい》できる2号艇《ごうてい》も完成《かんせい》しました。

深海《しんかい》をめざした人類《じんるい》

深海《しんかい》を調査《ちょうさ》する潜水球《せんすいきゅう》「バチスフェア」のイメージ。

むかしからみんな
海《うみ》の中《なか》に興味津々《きょうみしんしん》
だったんだね！

ハンプルクのダイビング・ベル

19世紀《せいき》の潜水鐘《せんすいしょう》の版画《はんが》。中《なか》を透《す》かしてえがいている。海上《かいじょう》に浮《う》かぶ船《ふね》から管《くだ》を通《とお》して空気《くうき》が送《おく》られている。

もっと知《し》りたい

「バチ」「スフェア」「スカーフ」は、ギリシャ語《ご》で「深《ふか》い」「球《たま》」「船《ふね》」をあらわす。

02

歴史《れきし》に名《な》を残《のこ》した１９００年《ねん》代《だい》の潜《せん》水《すい》調《ちょう》査《さ》

今《いま》ある潜水調査船《せんすいちょうさせん》の先《さき》がけが、１９６４年《ねん》にアメリカのウッズホール海洋研究所《かいようけんきゅうじょ》で使《つか》われた「アルビン号《ごう》」です。完成当時《かんせいとうじ》は水深《すいしん》２４００メートルまでもぐることが可能《かのう》でしたが、改造《かいぞう》されて現在《げんざい》は６５００メートルまで可能《かのう》になりました。これまで数多《かずおお》くの調査《ちょうさ》に出《で》て、熱水噴出孔《ねっすいふんしゅつこう》（↓１０６ページ）や新種《しんしゅ》の生《い》き物《もの》の発見《はっけん》につなげてきました。１９８６年《ねん》にはタ

深海底《しんかいてい》を調査《ちょうさ》するノチール号《ごう》

ノチール号《ごう》には科学者《かがくしゃ》と操縦士《そうじゅうし》、副操縦士《ふくそうじゅうし》の3人《にん》が乗《の》りこむ。科学者《かがくしゃ》と操縦士《そうじゅうし》は腹《はら》ばいになり、副操縦士《ふくそうじゅうし》は座《すわ》って3つののぞき窓《まど》から海底《かいてい》の観測《かんそく》を行《おこな》う。

イタニック号《ごう》の調査《ちょうさ》にも使用《しよう》されています。

1984年《ねん》にフランスの国立海《こくりつかい》洋開発研究所《ようかいはつけんきゅうじょ》が開発《かいはつ》した「ノチール号《ごう》」は、6000メートルの深《しん》海《かい》にもぐることができます。1985年《ねん》には、日本《にほん》とフランスが日《に》本海溝《ほんかいこう》の共同調査《きょうどうちょうさ》「KAIKO計《けい》画《かく》」を立《た》ち上《あ》げ、日本海溝周辺《にほんかいこうしゅうへん》や南海《なんかい》トラフにおける、メタンを含《ふく》んだ湧水《ゆうすい》を利用《りよう》する化学合成生《かがくごうせいせい》物群集《ぶつぐんしゅう》（→106ページ）の発見《はっけん》など、数々《かずかず》の成果《せいか》をあげています。

熱水噴出孔《ねっすいふんしゅつこう》を調査《ちょうさ》するアルビン号《ごう》

カメラやマニピュレータ（ロボットアーム）がついている。観測者《かんそくしゃ》の指示《しじ》により写真《しゃしん》を撮《と》ったり、岩石《がんせき》を採集《さいしゅう》したりする。アルビン号《ごう》はアメリカ海軍《かいぐん》が保《ほ》有《ゆう》、ウッズホール海洋研究所《かいようけんきゅうじょ》が運用《うんよう》を行《おこな》っている。イラストは1987年当時《ねんとうじ》のアルビン号《ごう》である。

もっと知《し》りたい

アルビン号《ごう》は、これまでに5000回以上《かいいじょう》も潜航《せんこう》している。

1700回《かい》以上《いじょう》ももぐっている有人潜水調査船《ゆうじんせんすいちょうさせん》「しんかい6500」

水深《すいしん》6500メートルまで安全《あんぜん》にもぐることができる日本《にほん》の有人潜水調査《ゆうじんせんすいちょうさ》船《せん》「しんかい6500」は、世界有数《せかいゆうすう》の性能《せいのう》を誇《ほこ》る調査船《ちょうさせん》です。1989年《ねん》に完成《かんせい》してから、世界中《せかいじゅう》の海《うみ》で1700回以上《かいいじょう》も海《うみ》にもぐり、数々《かずかず》の成果《せいか》をあげてきました。

「しんかい6500」には、高《たか》い水《すい》圧《あつ》に耐《た》えられるように、さまざまなくふうがほどこされています。

最《もっと》も重要《じゅうよう》な耐圧殻《たいあつこく》（人《ひと》が乗《の》りこむところ）には、強《つよ》くて軽《かる》くてさびにくいチタン合金《ごうきん》が使《つか》われています。この耐《たい》圧殻《あつこく》は、限《かぎ》りなく真球《しんきゅう》に近《ちか》い形《かたち》になっています。まんまるであることによって、水圧《すいあつ》が耐圧殻全体《たいあつこくぜんたい》に均等《きんとう》にかかり、深海《しんかい》でも壊《こわ》れにくくなるのです。

耐圧殻《たいあつこく》に3つついたのぞき窓《まど》は、ガラスではなく、透明度《とうめいど》の高《たか》い樹脂《じゅし》でできており、高《たか》い水圧《すいあつ》によって微妙《びみょう》にたわむ耐圧殻《たいあつこく》の形《かたち》に合《あ》わせて変形《へんけい》するようになっています。

有人潜水調査船《ゆうじんせんすいちょうさせん》「しんかい6500」

しんかい6500
人《ひと》が乗《の》るところは
まんまるなんだな

1989年《ねん》の完成以来《かんせいいらい》、進化《しんか》をつづけてきた。2012年《ねん》3月《がつ》には、スクリューやモーターが改良《かいりょう》され、操作性《そうさせい》が格段《かくだん》に向上《こうじょう》した。

コクピットは定員《ていいん》3名《めい》

高《たか》い水圧《すいあつ》に耐《た》えられる球形《きゅうけい》の「耐圧殻《たいあつこく》」の中《なか》で操縦《そうじゅう》する。定員《ていいん》は3名《めい》で、通常《つうじょう》はパイロット2名《めい》と研究者《けんきゅうしゃ》1名《めい》が乗船《じょうせん》する。2018年《ねん》には耐圧殻内《たいあつこくない》の改修《かいしゅう》を行《おこな》い、ミッションによってはパイロット1名《めい》、研究者《けんきゅうしゃ》2名《めい》での運用《うんよう》も可能《かのう》になった。

「しんかい6500」の中身《なかみ》

全長《ぜんちょう》9.7メートル、
幅《はば》2.8メートル、
高《たか》さ4.1メートル。
空中重量《くうちゅうじゅうりょう》は約《やく》26.7トン。
潜航時間《せんこうじかん》は8時間《じかん》。
分速約《ふんそくやく》40メートルで
下降《かこう》・上昇《じょうしょう》する。

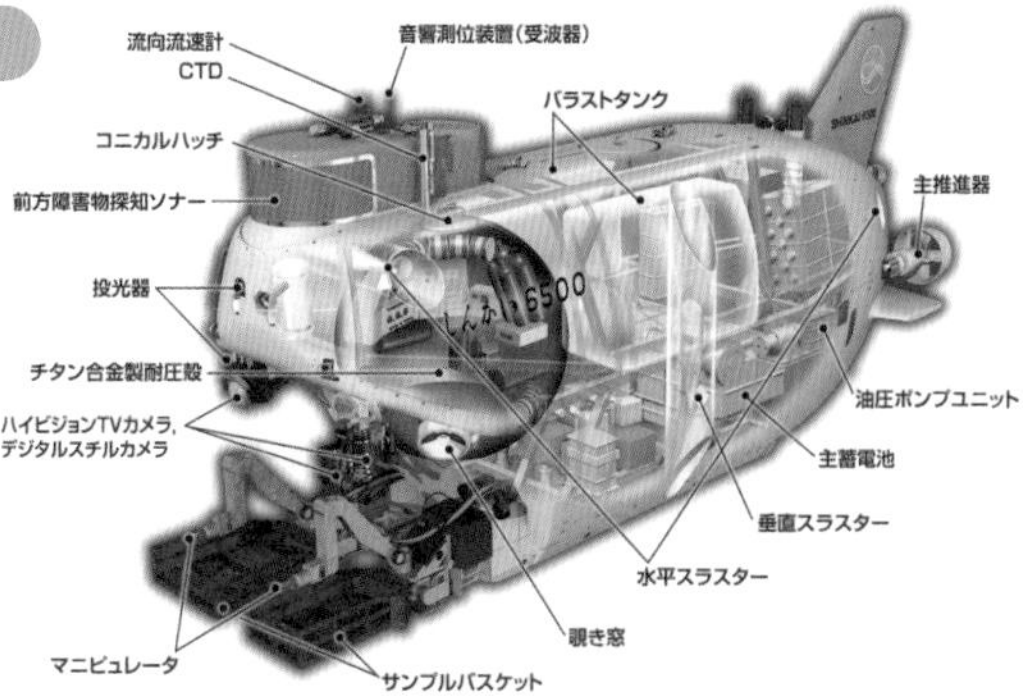
流向流速計
CTD
音響測位装置(受波器)
バラストタンク
コニカルハッチ
前方障害物探知ソナー
主推進器
投光器
チタン合金製耐圧殻
油圧ポンプユニット
ハイビジョンTVカメラ,
デジタルスチルカメラ
主蓄電池
垂直スラスター
水平スラスター
覗き窓
マニピュレータ
サンプルバスケット

もっと知《し》りたい

「しんかい6500」は水深《すいしん》6500メートルまで2時間半《じかんはん》かけてもぐる。

04

日本近海《にほんきんかい》を探査《たんさ》した「リミティング・ファクター号《ごう》」

水深《すいしん》4000メートル以上《いじょう》の深海《しんかい》を調査《ちょうさ》できる潜水調査船《せんすいちょうさせん》は、前《まえ》のページで紹介《しょうかい》した「しんかい6500」を含《ふく》め、2024年現在《ねんげんざい》、世界《せかい》で10隻《せき》ほどしかありません。近年《きんねん》、注目《ちゅうもく》されているのがアメリカの冒険家《ぼうけんか》ヴィクター・ヴェスコヴォさんが2018年《ねん》に購入《こうにゅう》した潜水調査船《せんすいちょうさせん》「リミティング・ファクター号《ごう》」です。

リミティング・ファクター号《ごう》は世界《せかい》の5つの海《うみ》（→22ページ）を探査《たんさ》したのち、太平洋戦争中《たいへいようせんそうちゅう》にフィリピン海沖《かいおき》の水深《すいしん》6456メートルに沈没《ちんぼつ》した軍《ぐん》艦《かん》の調査《ちょうさ》などに貢献《こうけん》しました。

リミティング・ファクター号《ごう》は、日《に》本近海《ほんきんかい》の調査《ちょうさ》も行《おこな》っています。2022年《ねん》8月《がつ》13日《にち》に、伊豆《いず》・小笠原海溝《おがさわらかいこう》の最深部《さいしんぶ》9801メートルにもぐることに成功《せいこう》しました。それまで最深部《さいしんぶ》は9780メートルと考《かんが》えられてきましたが、それより21メートルも深《ふか》いことがこの調査《ちょうさ》でわかったのです。

日本近海《にほんきんかい》を調査《ちょうさ》したときのリミティング・ファクター号《ごう》

アメリカの冒険家《ぼうけんか》ヴェスコヴォ氏《し》が、太平洋《たいへいよう》、大西洋《たいせいよう》、南極海《なんきょくかい》、北極海《ほっきょくかい》、インド洋《よう》の五大《ごたい》洋《よう》すべての最深部《さいしんぶ》を探査《たんさ》するためにつくった。2人《り》乗《の》りで、全長《ぜんちょう》は4.6メートル、最大潜航《さいだいせんこう》深度《しんど》は1万《まん》1000メートル、16時間《じかん》の潜航《せんこう》が可能《かのう》。

耐圧殻《たいあつこく》には3つののぞき窓《まど》が取《と》りつけられており、外《そと》をよく観察《かんさつ》できる。

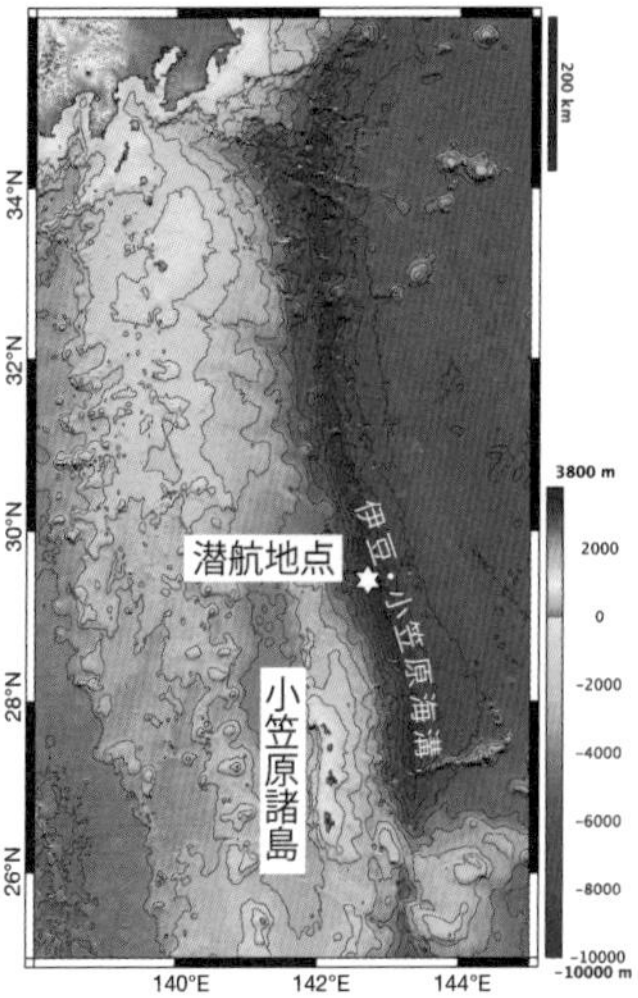

潜航《せんこう》した伊豆《いず》・小笠原海溝最深部《おがさわらかいこうさいしんぶ》（北《ほく》緯《い》29° 25.5'；東経《とうけい》142° 42.25'）。それまで考《かんが》えられていたよりも深《ふか》い、9801メートルであることがわかった。

もっと知《じ》りたい

リミティング・ファクター号《ごう》は2022年末《ねんまつ》に売却《ばいきゃく》され、「バクナワ」と名前《なまえ》をかえた。

05

海底《かいてい》１万《まん》メートルに到達《とうたつ》した無人探査機《むじんたんさき》「かいこう」

　日本《にほん》の無人探査機《むじんたんさき》「かいこう」は、人《ひと》が海《うみ》の上《うえ》から指令《しれい》を出《だ》して深海《しんかい》を調《ちょう》査《さ》するロボットで、水深《すいしん》１万《まん》メートルまでもぐらせることができました。１９９５年《ねん》にマリアナ海溝《かいこう》の最深部《さいしんぶ》へ到《とう》達《たつ》し、２０００年《ねん》にインド洋《よう》では初《はつ》となる熱水噴出孔《ねっすいふんしゅつこう》（→１０６ページ）の発見《はっけん》をするなどの成果《せいか》をあげました。

　ところが２００３年《ねん》に四国沖《しこくおき》の約《やく》１３０キロメートルの海域《かいいき》でケーブルが切《き》れ、「ビークル」という大事《だいじ》なパーツを失《うしな》う事故《じこ》がおきました。

　その後《ご》、２００４年《ねん》に無人探査機《むじんたんさき》「ＵＲＯＶ７Ｋ」を改造《かいぞう》して「かいこう７０００」ができました。さらに２００６年《ねん》には、機体《きたい》を大《おお》きくし、ロボットの腕《うで》を交換《こうかん》し、進《すす》む力《ちから》を強《つよ》くして「かいこう７０００Ⅱ」となりました。現在《げんざい》は、４代目《だいめ》の「かいこうＭｋ－Ⅳ」のビークルのみが運用《うんよう》されています。最大《さいだい》で水深《すいしん》４５００メートルまでもぐらせることができます。

深海《しんかい》で活躍《かつやく》した初代《しょだい》「かいこう」

「かいこう」は1995年《ねん》にマリアナ海溝《かいこう》チャレンジャー海淵《かいえん》において、1万《まん》911.4メートルの深《ふか》さに到達《とうたつ》した。ランチャーは長《なが》さ約《やく》2メートル、幅《はば》約《やく》6メートル、高《たか》さ約《やく》2メートル、ビークルは長《なが》さ約《やく》3.1メートル、幅約《はばやく》2メートル、高《たか》さ約《やく》2.3メートルである。重《おも》さ（空中重量《くうちゅうじゅうりょう》）は、共《とも》に5.3トン。なおイラストはビークルのみの状態《じょうたい》。

ケーブル操作《そうさ》のROVと自立航行《じりつこうこう》できるAUV

無人探査機《むじんたんさき》はROV(Remotely Operated Vehicle)とAUV (Autonomous Underwater Vehicle)の2つに大《おお》きく分《わ》けられます。ROVはケーブルにつながれたロボットを人《ひと》が操縦《そうじゅう》し、AUVはケーブルなしで航行《こうこう》できる機体《きたい》です。

もっと知《し》りたい

「かいこう」は104ページのカイコウオオソコエビを採取《さいしゅ》している。

06

「かいこう」だけじゃない！進化《しんか》する無人探査機《むじんたんさき》

前《まえ》のページで紹介《しょうかい》した「かいこう」のほかにも、優秀《ゆうしゅう》な無人探査機《むじんたんさき》はあります。ここでは、現在《げんざい》、活躍《かつやく》している無人探査機《むじんたんさき》を２つ紹介《しょうかい》します。

「うらしま」は、コンピュータを内《ない》蔵《ぞう》した無人探査機《むじんたんさき》です。プログラムにしたがって、自力《じりき》で航行《こうこう》することができます。海底《かいてい》に近《ちか》いところを探査《たんさ》できるため、海底地形図《かいていちけいず》をつくるのが得意《とくい》です。自力《じりき》で航行《こうこう》できる無人探査機《むじんたんさき》としては、世界《せかい》でいちばん大《おお》きな機体《きたい》となっています。

「ハイパードルフィン」は、１９９９年《ねん》にカナダで製造《せいぞう》された無人探査機《むじんたんさき》です。２０１０年《ねん》に改造《かいぞう》され、現在《げんざい》は４５００メートルまでもぐらせることが可能《かのう》です。超高性能《ちょうこうせいのう》のカメラを搭載《とうさい》し、ダイナミックな海底《かいてい》の地形《ちけい》から、数《すう》センチメートルの小《ちい》さな生《い》き物《もの》まで映《うつ》しだすことができます。海底《かいてい》から岩《がん》石《せき》や泥《どろ》などのサンプルを採取《さいしゅ》するためのロボットアームもついています。

深海巡行探査機《しんかいじゅんこうたんさき》「うらしま」

全長約《ぜんちょうやく》10メートル、重量約《じゅうりょうやく》7トン（リチウムイオン電池搭載時《でんちとうさいじ》）。最大潜航深度《さいだいせんこうしんど》は3500メートル。サイドスキャンソナーなどの観測機器《かんそくきき》を装備《そうび》している。

無人探査機《むじんたんさき》「ハイパードルフィン」

全長約《ぜんちょうやく》3メートル、空中重量約《くうちゅうじゅうりょうやく》4.3トン。水深《すいしん》4500メートルまで潜航《せんこう》することができる。超《ちょう》高感度《こうかんど》のハイビジョンカメラを搭載《とうさい》しており、リアルタイムで映像《えいぞう》を確認《かくにん》できる。

水中《すいちゅう》ドローン

「ドローン」といえば空中《くうちゅう》を飛《と》ぶイメージですが、近年《きんねん》は水《みず》の中《なか》の探査《たんさ》にも投入《とうにゅう》されはじめています。写真《しゃしん》は、現在開発中《げんざいかいはつちゅう》の「COMAI」。名前《なまえ》は「Challenge of Observation and Measurement under Arctic Ice」の略《りゃく》です。実現《じつげん》すれば、北極海《ほっきょくかい》の氷《こおり》の下《した》を探査《たんさ》することが可能《かのう》になります。

もっと知りたい

「COMAI」の名前《なまえ》は、氷《こおり》の下《した》にすむ「氷下魚《こまい》」にもかけられている。

やすみじかん

透明《とうめい》なドームで海中探査《かいちゅうたんさ》

118ページで紹介《しょうかい》した「リミティング・ファクター号《ごう》」をつくったアメリカの会社《かいしゃ》「トリトン・サブマリンズ」は、ほかにも個人向《こじんむ》けから観光用《かんこうよう》、調査用《ちょうさよう》など、幅広《はばひろ》いタイプの潜水調査船《せんすいちょうさせん》を製造《せいぞう》しています。その多《おお》くが、

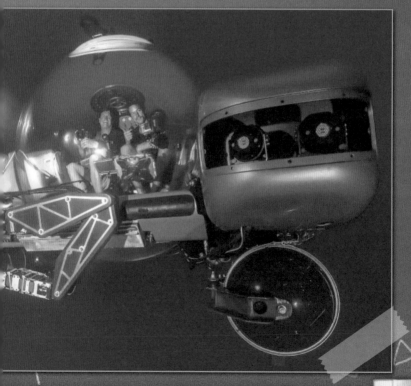

アクリル製《せい》の透明《とうめい》な耐圧殻《たいあつこく》をもっていて、ドキュメンタリー番組《ばんぐみ》などの撮影《さつえい》にも使《つか》われています。

下《した》の写真《しゃしん》は、水深《すいしん》305メートルまでもぐることのできるTriton1000/2という機種《きしゅ》です。まるで泡《あわ》の中《なか》に入《はい》って海《うみ》を探険《たんけん》しているみたいで、おもしろいですね。

視界良好《しかいりょうこう》なアクリル製《せい》の耐圧殻《たいあつこく》

透明《とうめい》な球体《きゅうたい》が特徴的《とくちょうてき》なトリトン・サブマリンズの潜水艇《せんすいてい》は、ドキュメンタリーの撮影《さつえい》などでも活躍《かつやく》しており、見《み》たことがある人《ひと》も多《おお》いだろう。写真《しゃしん》はアメリカ海洋大気庁《かいようたいきちょう》（NOAA）が、大西洋《たいせいよう》で第二次世界大戦時《だいにじせかいたいせんじ》の沈没船《ちんぼつせん》の調査《ちょうさ》を行《おこな》ったときに使用《しよう》した2人乗《りの》りのTriton 1000/2で、305メートルまでの潜航《せんこう》が可能《かのう》。

07

海《うみ》の底《そこ》を深《ふか》く掘《ほ》って地球《ちきゅう》の謎《なぞ》にせまる

海洋《かいよう》科学《かがく》掘削《くっさく》は、深海《しんかい》の底《そこ》を掘《ほ》って、マントルまでの地質《ちしつ》などを明《あき》らかにしようというプロジェクトです。現在《げんざい》は日本《にほん》を含《ふく》めた20か国《こく》以《い》上《じょう》が参加《さんか》する国際《こくさい》深海《しんかい》科学《かがく》掘削《くっさく》計画《けいかく》（IODP）が進《すす》められています。

深海《しんかい》の底《そこ》を掘《ほ》ると、どんなことがわかるのでしょうか。近年《きんねん》の研究《けんきゅう》によると、地下《ちか》にもさまざまな微生物《びせいぶつ》が存在《そんざい》することがわかってきています。計算上《けいさんじょう》では、地下《ちか》には、地上《ちじょう》と

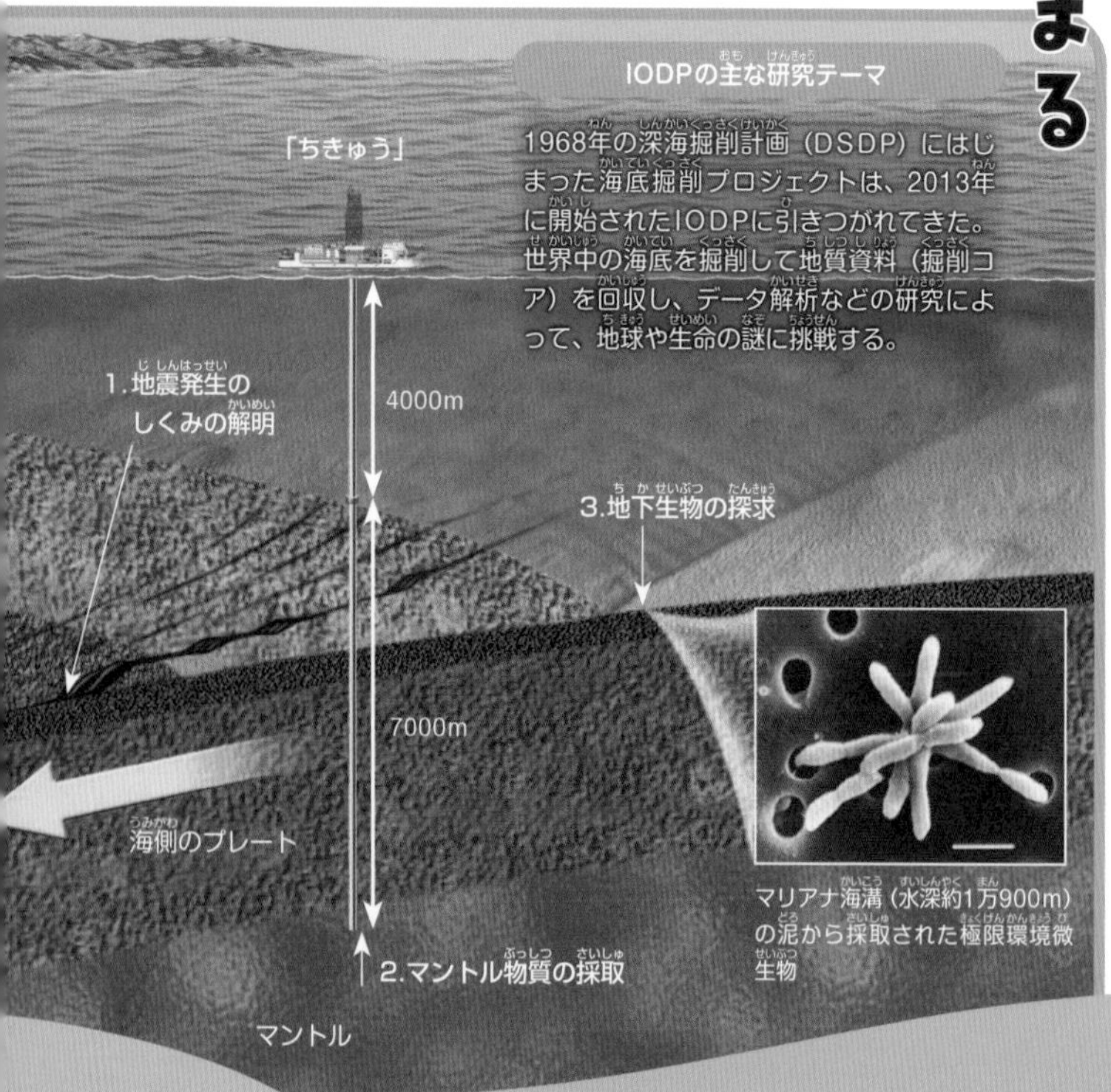
「ちきゅう」
1.地震発生《じしんはっせい》のしくみの解明《かいめい》
4000m
7000m
3.地下生物《ちかせいぶつ》の探求《たんきゅう》
海側《うみがわ》のプレート
2.マントル物質《ぶっしつ》の採取《さいしゅ》
マントル

IODPの主《おも》な研究《けんきゅう》テーマ

1968年《ねん》の深海《しんかい》掘削《くっさく》計画《けいかく》（DSDP）にはじまった海底《かいてい》掘削《くっさく》プロジェクトは、2013年《ねん》に開始《かいし》されたIODPに引《ひ》きつがれてきた。世界中《せかいじゅう》の海底《かいてい》を掘削《くっさく》して地質《ちしつ》資料《しりょう》（掘削《くっさく》コア）を回収《かいしゅう》し、データ解析《かいせき》などの研究《けんきゅう》によって、地球《ちきゅう》や生命《せいめい》の謎《なぞ》に挑戦《ちょうせん》する。

マリアナ海溝《かいこう》（水深《すいしん》約《やく》1万《まん》900m）の泥《どろ》から採取《さいしゅ》された極限《きょくげん》環境《かんきょう》微《び》生物《せいぶつ》

海《うみ》の生《い》き物《もの》を足《た》した数《かず》を上回《うわまわ》る大量《たいりょう》の生命《せいめい》が存在《そんざい》している可能性《かのうせい》があるのです。さらに、そうした地下《ちか》の生《い》き物《もの》は、地球《ちきゅう》に生命《せいめい》が誕生《たんじょう》したときのなごりを残《のこ》している可能性《かのうせい》があります。もしそうした生《い》き物《もの》を見《み》つけることができたら、生命《せいめい》誕生《たんじょう》の謎《なぞ》にせまれるかもしれません。

この調査《ちょうさ》は、ほかにも地震《じしん》のしくみの解明《かいめい》や、海洋資源《かいようしげん》の発見《はっけん》などにも役立《やくだ》てられています。

地球深部探査船《ちきゅうしんぶたんさせん》「ちきゅう」

水深《すいしん》2500メートルの深海域上《しんかいいきじょう》で稼働《かどう》し、海底下《かいていか》7000メートルを掘《ほ》り抜《ぬ》く能力《のうりょく》をもつ。全長《ぜんちょう》210メートル、総《そう》トン数《すう》5万《まん》6752トンの巨体《きょたい》を誇《ほこ》る。2007年《ねん》から「南海《なんかい》トラフ地震発生帯掘削計画《じしんはっせいたいくっさくけいかく》」を実施《じっし》している。

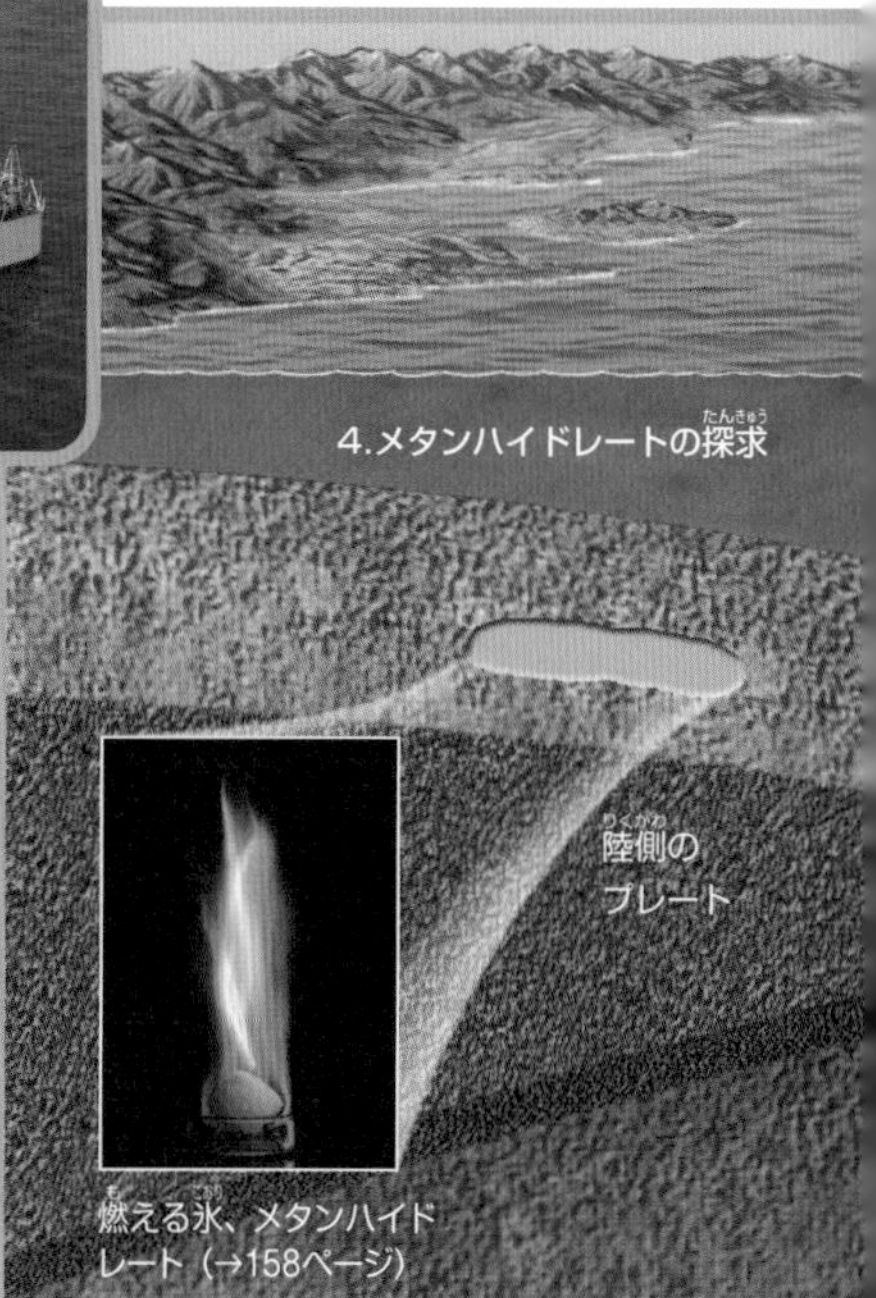
陸側《りくがわ》のプレート
4.メタンハイドレートの探求《たんきゅう》

燃《も》える氷《こおり》、メタンハイドレート（→158ページ）

深海《しんかい》の底《そこ》には
地球《ちきゅう》の謎《なぞ》がかくされて
いるんだね

もっと知《し》りたい

少《すく》なくとも海底《かいてい》の下約《したやく》2500メートルまでは微生物《びせいぶつ》が生息《せいそく》している。

08 海底掘削《かいていくっさく》が地震《じしん》のメカニズムを解《と》き明《あ》かす!?

ここでは、前《まえ》のページで写真《しゃしん》を紹介《しょうかい》した「ちきゅう」について、もう少《すこ》しくわしく紹介《しょうかい》します。

「ちきゅう」は、世界最高《せかいさいこう》クラスの掘削能力《くっさくのうりょく》をもつ地球深部探査船《ちきゅうしんぶたんさせん》です。船内《せんない》には精密《せいみつ》な計測機器《けいそくきき》をたくさん備《そな》えた研究区画《けんきゅうくかく》があり、海底《かいてい》をくり抜《ぬ》いて採取《さいしゅ》した地層《ちそう》のサンプルを、その場《ば》で素早《すばや》く計測《けいそく》・分析《ぶんせき》することができます。

深海《しんかい》の底《そこ》はかたく、並《なみ》のドリルではすぐに壊《こわ》れてしまいますが、「ちきゅう」は「ライザー掘削《くっさく》システム」という特殊《とくしゅ》な装置《そうち》により、地下《ちか》７０００メートルまで掘《ほ》ることができます。

「ちきゅう」の究極《きゅうきょく》の目標《もくひょう》は、海底《かいてい》の地下《ちか》６０００～７０００メートル付近《ふきん》にあるマントルまで掘《ほ》り進《すす》むことです。そこを調《しら》べれば、過去《かこ》におきた気候変動《きこうへんどう》、生《い》き物《もの》たちの活動《かつどう》、地殻変動《ちかくへんどう》の経緯《けいい》などがわかり、地震発生《じしんはっせい》のしくみの解明《かいめい》など私《わたし》たちの未来《みらい》をよりよくする研究《けんきゅう》につながるからです。

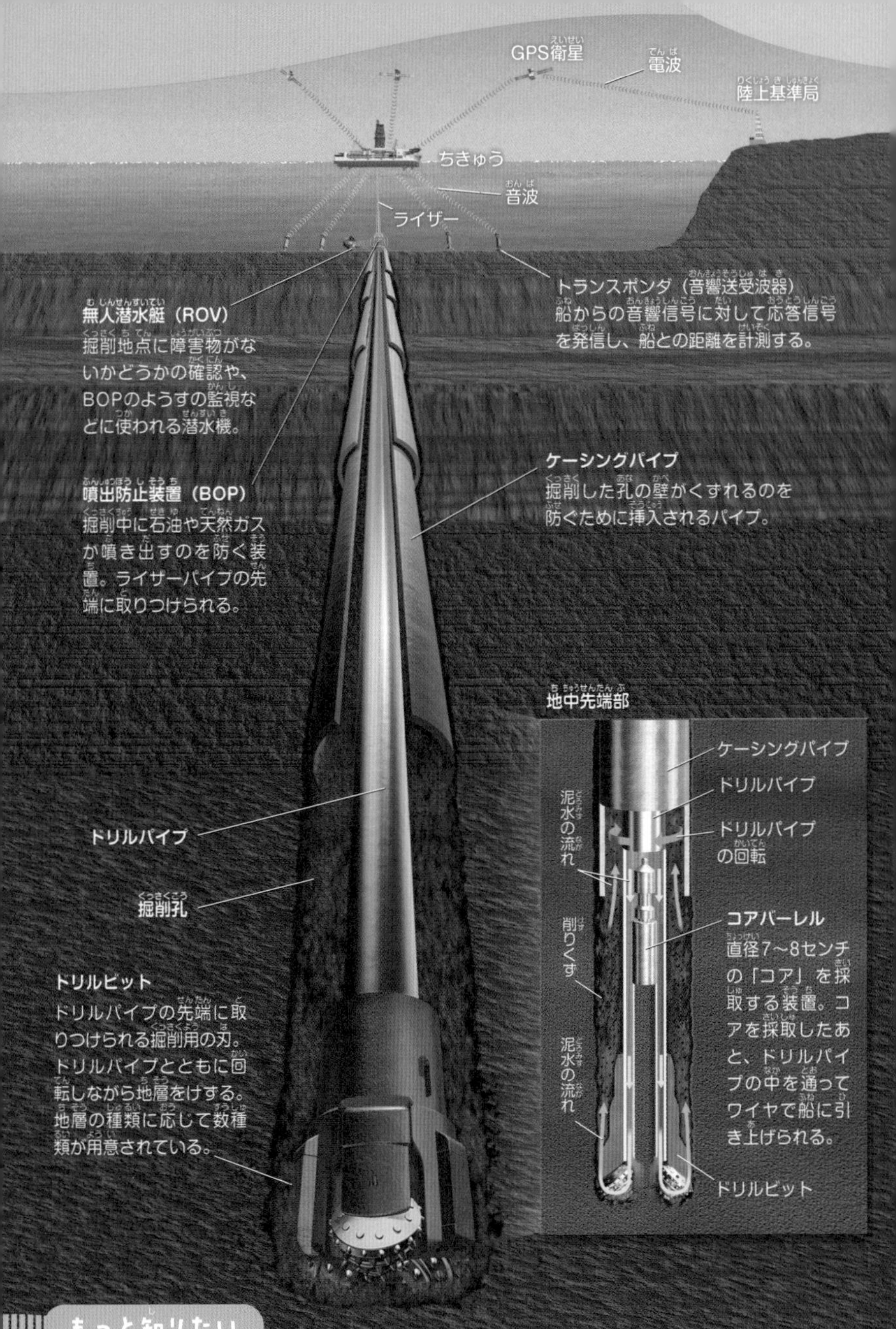

GPS衛星《えいせい》
電波《でんぱ》
陸上基準局《りくじょうきじゅんきょく》
ちきゅう
音波《おんぱ》
ライザー
トランスポンダ（音響送受波器《おんきょうそうじゅはき》）
船《ふね》からの音響信号《おんきょうしんごう》に対《たい》して応答信号《おうとうしんごう》を発信《はっしん》し、船《ふね》との距離を計測《けいそく》する。
無人潜水艇《むじんせんすいてい》（ROV）
掘削《くっさく》地点《ちてん》に障害物《しょうがいぶつ》がないかどうかの確認《かくにん》や、BOPのようすの監視《かんし》などに使《つか》われる潜水機《せんすいき》。
噴出防止装置《ふんしゅつぼうしそうち》（BOP）
掘削中《くっさくちゅう》に石油《せきゆ》や天然《てんねん》ガスが噴《ふ》き出《だ》すのを防《ふせ》ぐ装《そう》置《ち》。ライザーパイプの先《せん》端《たん》に取《と》りつけられる。
ケーシングパイプ
掘削《くっさく》した孔《あな》の壁《かべ》がくずれるのを防《ふせ》ぐために挿入《そうにゅう》されるパイプ。
ドリルパイプ
掘削孔《くっさくこう》
ドリルビット
ドリルパイプの先端《せんたん》に取《と》りつけられる掘削用《くっさくよう》の刃《は》。ドリルパイプとともに回《かい》転《てん》しながら地層《ちそう》をけずる。地層《ちそう》の種類《しゅるい》に応《おう》じて数種《すうしゅ》類《るい》が用意《ようい》されている。
地中先端部《ちちゅうせんたんぶ》
ケーシングパイプ
ドリルパイプ
ドリルパイプの回転《かいてん》
泥水《どろみず》の流《なが》れ
削《けず》りくず
泥水《どろみず》の流《なが》れ
コアバーレル
直径《ちょっけい》7〜8センチの「コア」を採《さい》取《しゅ》する装置《そうち》。コアを採取《さいしゅ》したあと、ドリルパイプの中《なか》を通《とお》ってワイヤで船《ふね》に引《ひ》き上《あ》げられる。
ドリルビット

もっと知《し》りたい

「ちきゅう」は、東北地方太平洋沖地震《とうほくちほうたいへいようおきじしん》の地震《じしん》と津波《つなみ》のメカニズム解明《かいめい》にも貢献《こうけん》した。

やすみじかん

地球《ちきゅう》からみれば海《うみ》は薄《うす》い

地球《ちきゅう》の半径《はんけい》は約《やく》6400キロメートルで、海《うみ》の平均水深《へいきんすいしん》は約《やく》3.8キロメートルです。つまり、地球《ちきゅう》の半径《はんけい》に対《たい》して海《うみ》は1000分《ぶん》の1以下《いか》の厚《あつ》さです。ちなみに、ゆで卵《たまご》の半径《はんけい》に対《たい》して、表面《ひょうめん》の薄皮《うすかわ》（卵殻膜《らんかくまく》）は5分《ぶん》の1の厚《あつ》さです。そう考《かんが》えると、海《うみ》は地球《ちきゅう》にとって、卵《たまご》の薄皮《うすかわ》よりさらに薄《うす》い膜《まく》のようなものといえます。

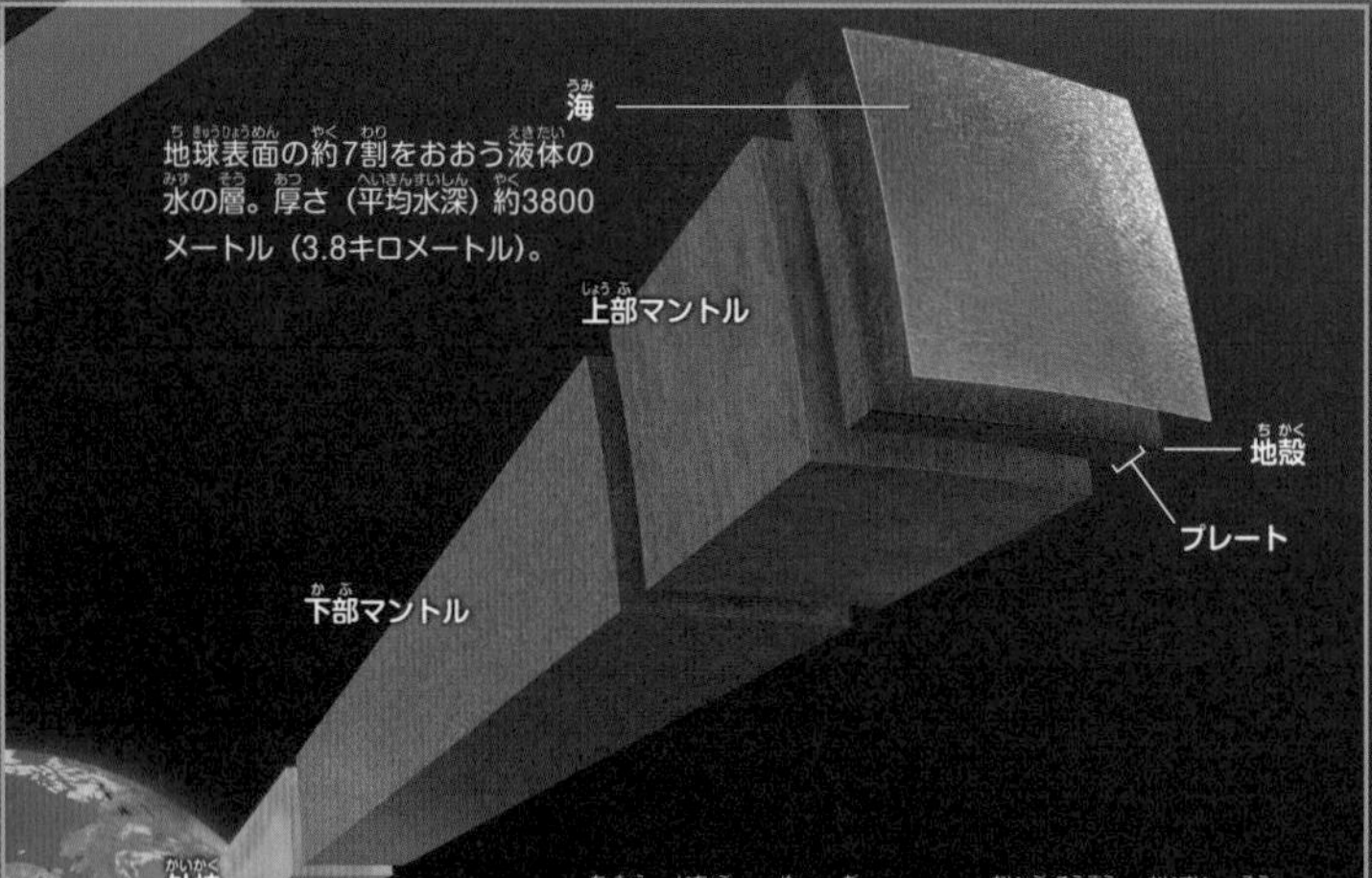

海《うみ》
地球表面《ちきゅうひょうめん》の約《やく》7割《わり》をおおう液体《えきたい》の水《みず》の層《そう》。厚《あつ》さ（平均水深《へいきんすいしん》）約《やく》3800メートル（3.8キロメートル）。
上部《じょうぶ》マントル
地殻《ちかく》
プレート
下部《かぶ》マントル
外核《がいかく》
内核《ないかく》

地球《ちきゅう》の一部《いちぶ》を抜《ぬ》き出《だ》し、その内部構造《ないぶこうぞう》と海水《かいすい》の層《そう》をえがいている。地球《ちきゅう》は中心部《ちゅうしんぶ》に金属核《きんぞくかく》があり、その外側《そとがわ》に岩石《がんせき》が主体《しゅたい》のマントルがある。地球表面《ちきゅうひょうめん》は地殻《ちかく》でおおわれており、その上《うえ》を海水《かいすい》の層《そう》がおおっている。

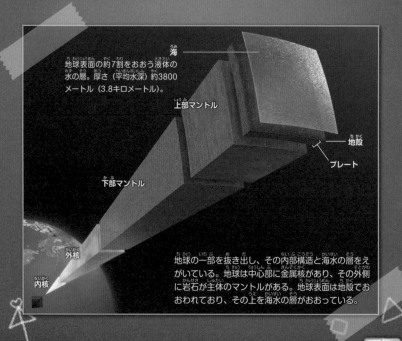

5

じかんめ

海《うみ》と地《ち》球《きゅう》環《かん》境《きょう》

大気《たいき》を動《うご》かしたり、巨大《きょだい》な波《なみ》をおこしたりなど、海《うみ》には地球規模《ちきゅうきぼ》ではたらくはかりしれないパワーがあり、近年《きんねん》、問題《もんだい》となっている地《ち》球温暖化《きゅうおんだんか》にも、深《ふか》くかかわっています。海《うみ》と地球環境《ちきゅうかんきょう》の関係《かんけい》にせまってみましょう。

01 海《うみ》のおかげで地球《ちきゅう》はすみやすい気候《きこう》を保《たも》っている

海水《かいすい》がもっている特別《とくべつ》な性質《せいしつ》の1つに、「温《あたた》まりにくい」ことがあげられます。海水《かいすい》が温《あたた》まりにくく、一定《いってい》の温《おん》度《ど》を保《たも》っていることは、地球環境《ちきゅうかんきょう》に大《おお》きく影響《えいきょう》しています。なぜなら、36ページで紹介《しょうかい》したように、海《うみ》には地球上《ちきゅうじょう》の大気《たいき》を動《うご》かす力《ちから》があるからです。

もし海《うみ》があっという間《ま》に冷《ひ》えたり、あっという間《ま》に温《あたた》まったりする性質《せいしつ》だったら、地球《ちきゅう》の気候《きこう》は安定《あんてい》せず、現《げん》在《ざい》、地球上《ちきゅうじょう》にいる生《い》き物《もの》は暮《く》らしていけなかったかもしれません。地球《ちきゅう》は、海《うみ》のおかげで生命《せいめい》が栄《さか》えるおだやかな気候《きこう》の惑星《わくせい》になっているのです。

近年《きんねん》、地球温暖化《ちきゅうおんだんか》が問題《もんだい》となっていますが、温暖化《おんだんか》によって増加《ぞうか》した地球《ちきゅう》全体《ぜんたい》の熱《ねつ》エネルギーのうち、9割《わり》は海《うみ》が蓄《たくわ》えているとされています。つまり、海《うみ》が地表《ちひょう》の温暖化《おんだんか》を食《く》い止《と》めてくれているのです。それでも温暖化《おんだんか》は止《と》まらないので、このままだと地球《ちきゅう》の生《い》き物《もの》に大《おお》きな影響《えいきょう》が出《で》るでしょう。

大量《たいりょう》の熱《ねつ》を引《ひ》き受《う》けても海《うみ》の温度変化《おんどへんか》はわずか

地球《ちきゅう》の大気全体《たいきぜんたい》の温度《おんど》が1℃上昇《じょうしょう》するために必要《ひつよう》な熱《ねつ》の量《りょう》と、海水全体《かいすいぜんたい》の温度《おんど》が1℃上昇《じょうしょう》するために必要《ひつよう》な熱《ねつ》の量《りょう》をえがいた。海全体《うみぜんたい》を1℃上昇《じょうしょう》させる熱量《ねつりょう》は、大気全体《たいきぜんたい》を1℃上昇《じょうしょう》させるのに必要《ひつよう》な熱量《ねつりょう》のおよそ1000倍《ばい》になる。

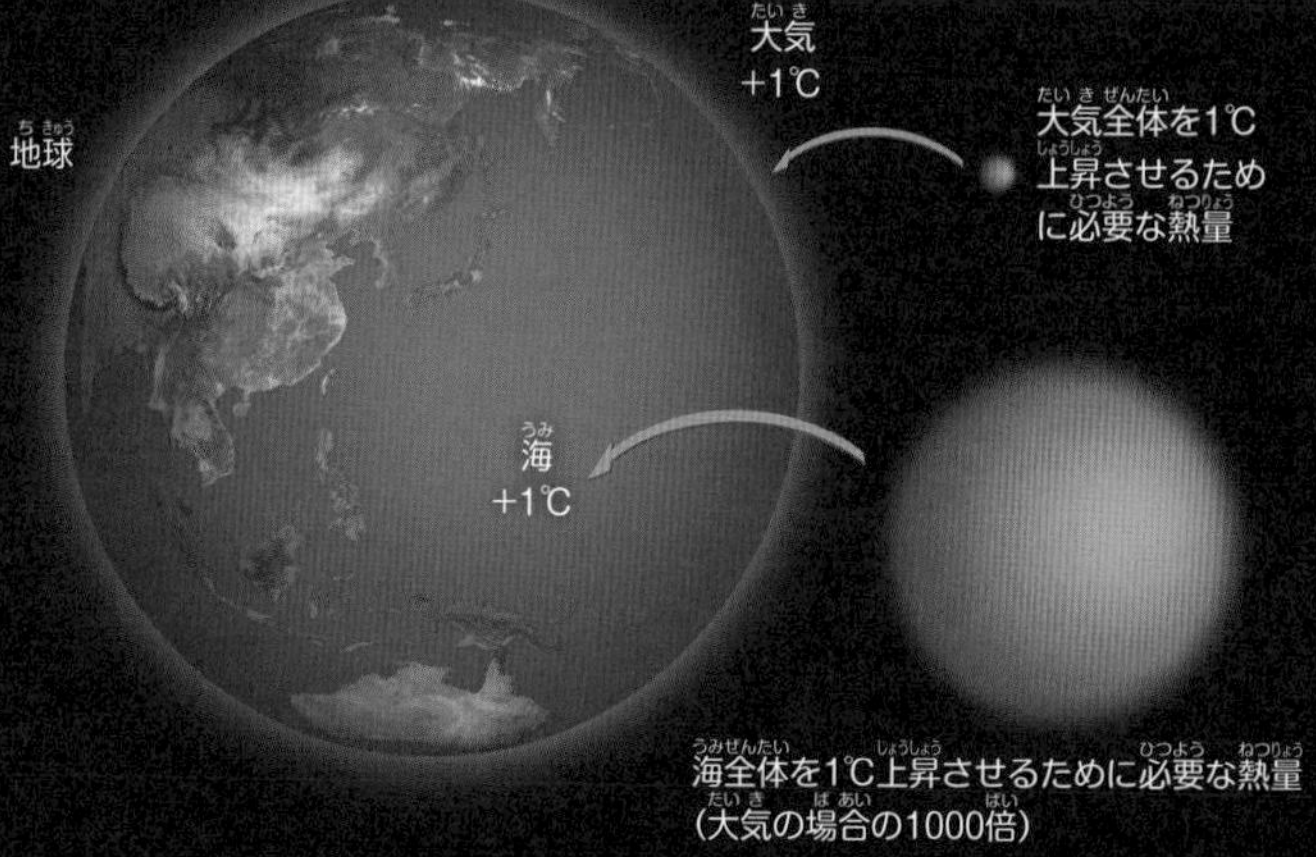

地球《ちきゅう》
大気《たいき》
+1℃
大気全体《たいきぜんたい》を1℃上昇《じょうしょう》させるために必要《ひつよう》な熱量《ねつりょう》
海《うみ》
+1℃
海全体《うみぜんたい》を1℃上昇《じょうしょう》させるために必要《ひつよう》な熱量《ねつりょう》（大気《たいき》の場合《ばあい》の1000倍《ばい》）

地球温暖化《ちきゅうおんだんか》って？

18世紀《せいき》ごろにおこった「産業革命《さんぎょうかくめい》」から現在《げんざい》まで、人類《じんるい》は石炭《せきたん》や石油《せきゆ》などの燃料《ねんりょう》を大量《たいりょう》に消費《しょうひ》して、大気中《たいきちゅう》にたくさんの「温室効果《おんしつこうか》ガス（主《おも》に二酸化炭素《にさんかたんそ》）」を排出《はいしゅつ》してきました。温室効果《おんしつこうか》ガスの濃度《のうど》が上《あ》がると、太陽《たいよう》から地球《ちきゅう》に来《き》た熱《ねつ》エネルギーが宇宙《うちゅう》へ放出《ほうしゅつ》されにくくなり、地表《ちひょう》がどんどん温《あたた》まります。

2050年《ねん》ごろになると、夏《なつ》の間《あいだ》は北極《ほっきょく》の氷《こおり》はすべてとけちゃうよ

もっと知《し》りたい

21世紀末《せいきまつ》の世界《せかい》の平均気温《へいきんきおん》は、今《いま》より2.6〜4.8℃上昇《じょうしょう》するという。

海《うみ》の温度《おんど》によって気候《きこう》や気温《きおん》が決《き》まる

下《した》の世界地図《せかいちず》は、7月《がつ》の平均的《へいきんてき》な海面《かいめん》の温度《おんど》をあらわしています。赤道《せきどう》に近《ちか》い海《うみ》ほど太陽《たいよう》が真上《まうえ》から照《て》りつけるので、温《あたた》かく（赤《あか》く）なっています。逆《ぎゃく》に、北極《ほっきょく》・南極《なんきょく》に近《ちか》いほど少《すこ》しずつ冷《つめ》たく（青《あお》く）なっています。

ところが、地図中《ちずちゅう》のA地点《ちてん》を見《み》ると、赤道《せきどう》に近《ちか》いのに色《いろ》が赤《あか》くない（比較的冷《ひかくてきつめ》たい）ですね。また、B地点《ちてん》では、北極《ほっきょく》に近《ちか》いのに

A

赤道付近《せきどうふきん》で
温《あたた》められた海水《かいすい》が
海流《かいりゅう》で押《お》し流《なが》されて
いるんだね

7月《がつ》の海面水温《かいめんすいおん》と海流《かいりゅう》

海面《かいめん》が赤《あか》いほど高温《こうおん》で、青《あお》いほど低温《ていおん》であることをあらわす。白《しろ》い矢印《やじるし》でえがいてあるのが海流《かいりゅう》だ。海流《かいりゅう》は大洋《たいよう》の中《なか》を循環《じゅんかん》するように流《なが》れていることがわかる。また、海流《かいりゅう》があたたかい海水《かいすい》や冷《つめ》たい海水《かいすい》を押《お》し流《なが》しているようすもうかがえる。

海面水温《かいめんすいおん》（℃）

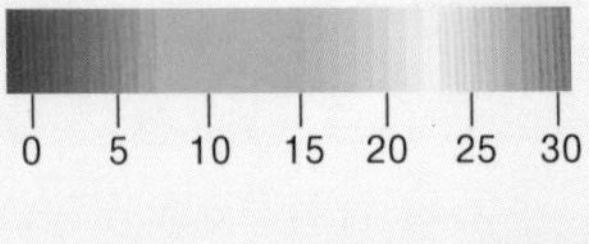
0
5
10
15
20
25
30

※気象庁《きしょうちょう》・全球月平均海面水温平年値《ぜんきゅうつきへいきんかいめんすいおんへいねんち》（7月《がつ》）をもとに作成《さくせい》

青色《あおいろ》が濃《こ》くない（比較的《ひかくてき》温《あたた》かい）ようです。これは、白《しろ》い矢印《やじるし》であらわした海流《かいりゅう》（↓30ページ）によって、海《うみ》がかきまぜられているからです。

こうした海水温《かいすいおん》の特徴《とくちょう》は、世界《せかい》各地《かくち》の気候《きこう》にさまざまな影響《えいきょう》をあたえています。たとえば、B地点《ちてん》のそばにあるイギリスのロンドンは、北海道《ほっかいどう》より北《きた》に位置《いち》するのに、気候《きこう》は北海道《ほっかいどう》より温暖《おんだん》です。これは、周辺《しゅうへん》の海《うみ》に温《あたた》かい海流《かいりゅう》が流《なが》れこんでいるおかげです。

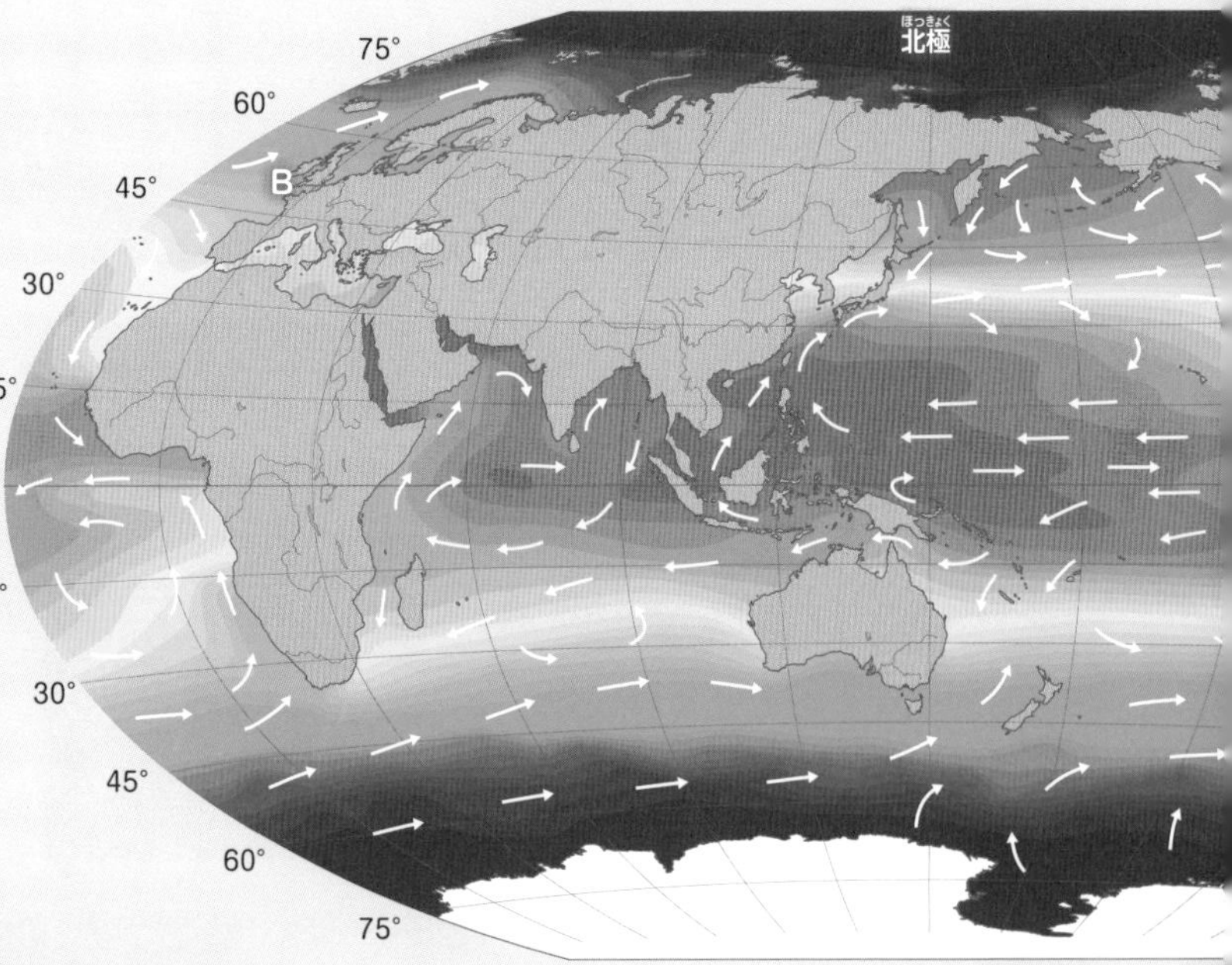
北極《ほっきょく》
75°
60°
45°
B
30°
15°
赤道《せきどう》
15°
30°
45°
60°
75°
30° 0° 30° 60° 90° 120° 150° 180° 150° 120° 90°

もっと知《し》りたい

ロンドンの気温《きおん》は平均《へいきん》10℃。日本《にほん》でいうと東北地方《とうほくちほう》くらいの気温《きおん》だ。

やすみじかん

海流《かいりゅう》が止《と》まると地球《ちきゅう》は冷《ひ》える？

海流《かいりゅう》は、32ページで紹介《しょうかい》した「熱塩循環《ねつえんじゅんかん》」によるものもあります。実《じつ》は、この循環《じゅんかん》は止《と》まってしまったことがあるという説《せつ》があります。

約《やく》1万《まん》2900年前《ねんまえ》、地球《ちきゅう》の気温《きおん》はどんどん上《あ》がってきていました。ところが、1万《まん》2900年《ねん》前《まえ》から1万《まん》1500年前《ねんまえ》にかけて、突然《とつぜん》、数《すう》℃以《い》上《じょう》も寒《さむ》くなった時期《じき》がありました。この時期《じき》を「ヤンガードライアス期《き》」といいます。

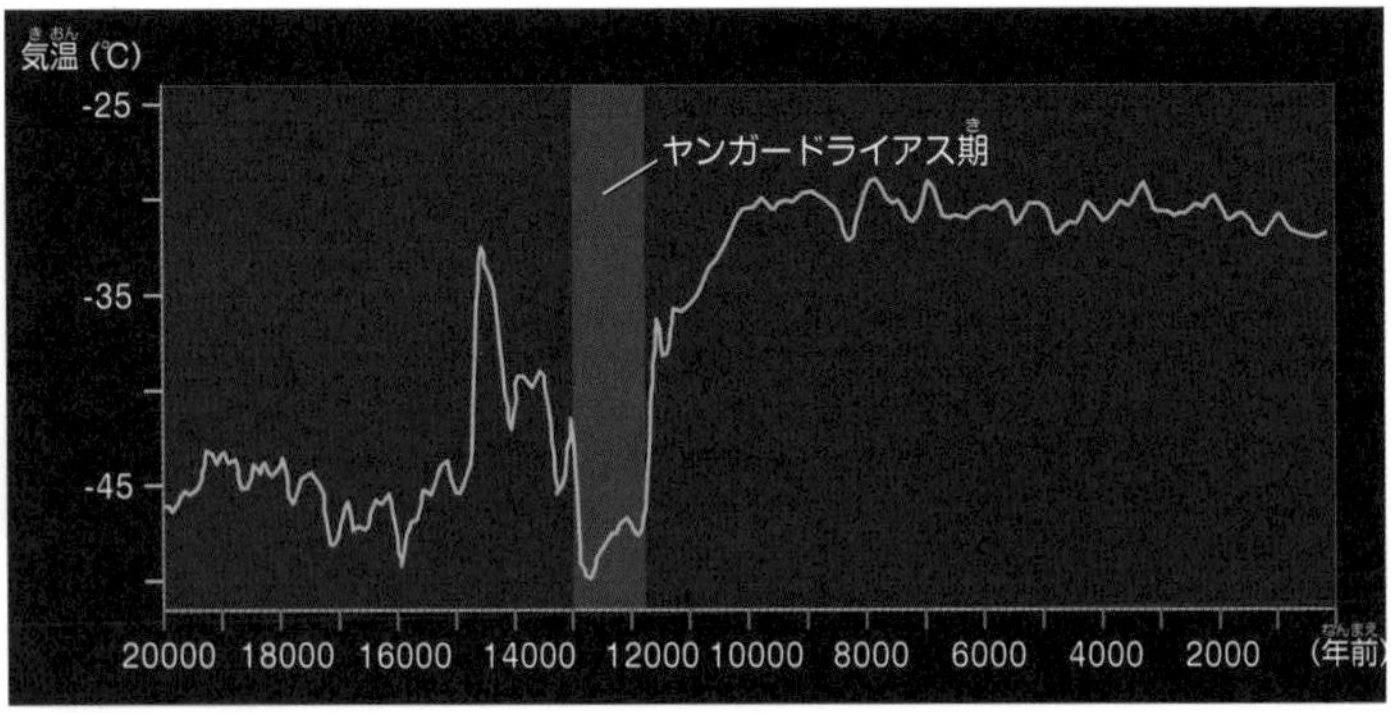

上《うえ》のグラフは、グリーンランドの氷床《ひょうしょう》をくり抜《ぬ》いて、過去《かこ》2万年間《まんねんかん》の平均気温《へいきんきおん》の変動《へんどう》を分析《ぶんせき》した結果《けっか》だ。およそ1万《まん》2900年前《ねんまえ》～1万《まん》1500年前《ねんまえ》にかけて、寒冷化《かんれいか》した時代《じだい》があったことがわかる。この時期《じき》をヤンガードライアス期《き》という。

このヤンガードライアス期《き》は、北大西洋北《きたたいせいようほく》部《ぶ》で熱塩循環《ねつえんじゅんかん》が止《と》まったためにおきたといわれています。気温《きおん》の上昇《じょうしょう》により、当時《とうじ》の北《きた》アメリカ大陸《たいりく》の氷床《ひょうしょう》がとけ、大量《たいりょう》の淡水《たんすい》が海《うみ》に流《なが》れこんだようです。淡水《たんすい》は塩水《しおみず》より軽《かる》いため、海面《かいめん》にふたをするように広《ひろ》がり、熱塩循《ねつえんじゅん》環《かん》を止《と》めてしまいました。その結果《けっか》、北半球《きたはんきゅう》では海《うみ》から大気《たいき》へ熱《ねつ》が放出《ほうしゅつ》されなくなり、急《きゅう》激《げき》に寒冷化《かんれいか》したと考《かんが》えられています。

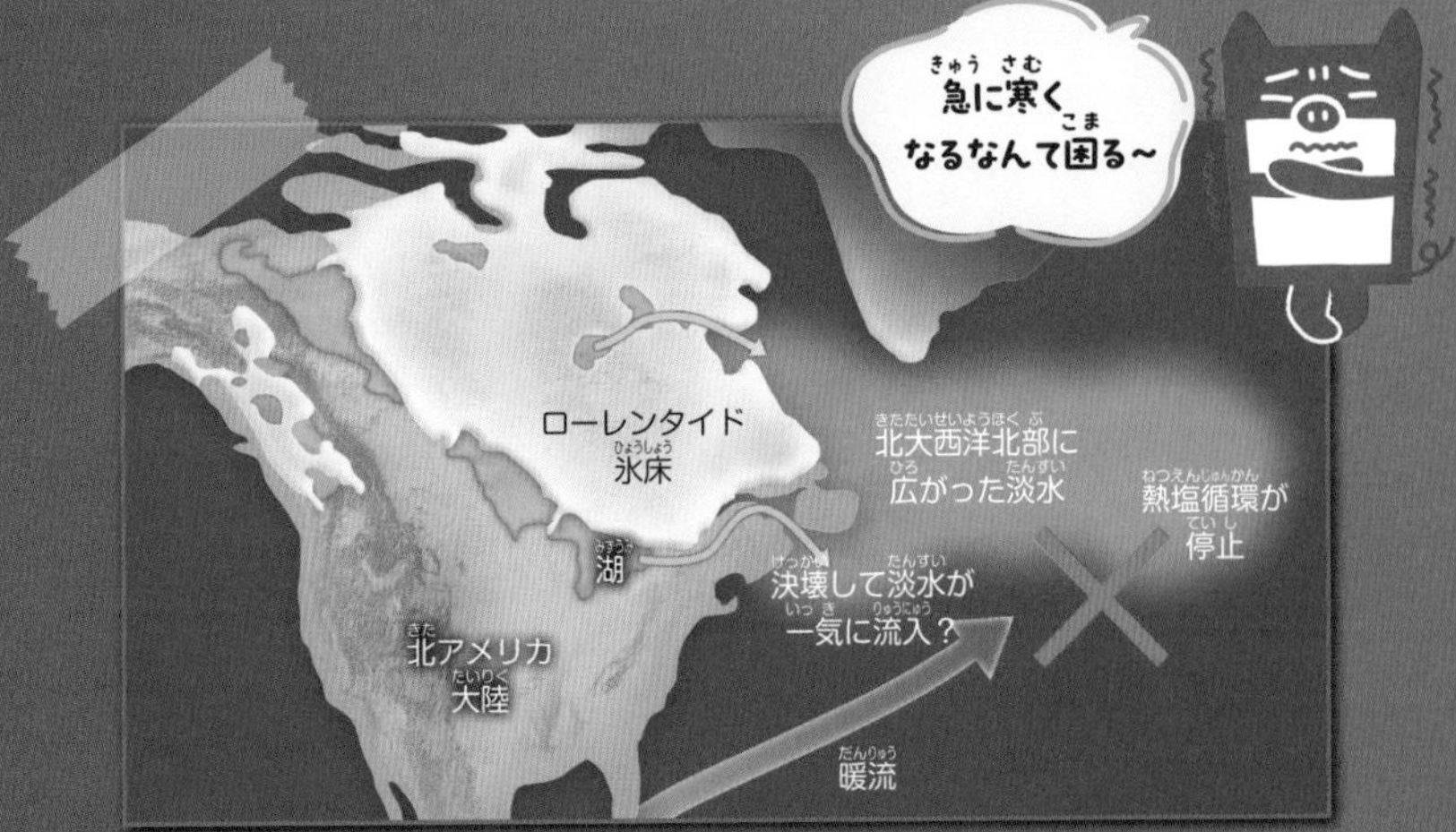
急《きゅう》に寒《さむ》くなるなんて困《こま》る～
ローレンタイド氷床《ひょうしょう》
北大西洋北部《きたたいせいようほくぶ》に広《ひろ》がった淡水《たんすい》
熱塩循環《ねつえんじゅんかん》が停止《ていし》
湖《みずうみ》
決壊《けっかい》して淡水《たんすい》が一気《いっき》に流入《りゅうにゅう》？
北《きた》アメリカ大陸《たいりく》
暖流《だんりゅう》

当時《とうじ》北《きた》アメリカ大陸《たいりく》に発達《はったつ》していた「ローレンタイド氷床《ひょうしょう》」は、温暖化《おんだんか》することでとけてきていた。氷床《ひょうしょう》のまわりには、氷床《ひょうしょう》がとけてできた湖《みずうみ》があった。あるとき、湖《みずうみ》をせきとめていた氷床《りょうしょう》が崩壊《ほうかい》して、大量《たいりょう》の淡水《たんすい》が一気《いっき》に北大西洋《きたたいせいよう》の北部《ほくぶ》に流《なが》れこんだと考《かんが》えられている。淡水《たんすい》が大量《たいりょう》に流《なが》れこんだことで、熱塩循環《ねつえんじゅんかん》がさまたげられ、北半球《きたはんきゅう》の大気中《たいきちゅう》に放出《ほうしゅつ》される熱《ねつ》の量《りょう》が減少《げんしょう》し、急激《きゅうげき》に寒冷化《かんれいか》したとされている。

03

海《うみ》が生《う》む台風《たいふう》・ハリケーン・サイクロン

　夏《なつ》から秋《あき》にかけて日本《にほん》にやってくる台風《たいふう》は、水温《すいおん》が27℃以上《いじょう》ある熱帯《ねったい》や亜《あ》熱帯《ねったい》の海《うみ》で生《う》まれます。

　36ページでも紹介《しょうかい》しましたが、暖《あたた》かい海《うみ》では大量《たいりょう》の水《みず》が蒸発《じょうはつ》して上空《じょうくう》に運《はこ》ばれ、雲《くも》になります。このとき、雲《くも》のまわりの空気《くうき》は温《あたた》められて軽《かる》くなり、さらに強《つよ》い上昇気流《じょうしょうきりゅう》が生《う》まれます。こうして、雲《くも》はどんどん成長《せいちょう》し、「積乱《せきらん》雲《うん》」とよばれる背《せ》の高《たか》い雲《くも》になります。

　積乱雲《せきらんうん》が集《あつ》まる場所《ばしょ》では、空気《くうき》がどんどん上昇《じょうしょう》するので、海面《かいめん》に近《ちか》いところの気圧《きあつ》は下《さ》がります。そこへ、まわりから空気《くうき》が流《なが》れこみ、地球《ちきゅう》の自転《じてん》の影響《えいきょう》でうずを巻《ま》きはじめます。こうしてできるのが熱帯低気圧《ねったいていきあつ》、つまり台風《たいふう》です。台風《たいふう》は、海《うみ》から空《そら》へ熱《ねつ》エネルギーを運《はこ》ぶ巨大《きょだい》なポンプともいえます。

　熱帯低気圧《ねったいていきあつ》のうち、北太平洋《きたたいへいよう》で発生《はっせい》するものを台風《たいふう》、北大西洋《きたたいせいよう》で発生《はっせい》するものをハリケーン、インド洋《よう》で発生《はっせい》するものをサイクロンとよびます。

海面水温《かいめんすいおん》27℃の境界線《きょうかいせん》

1 積乱雲《せきらんうん》がうずを巻《ま》いて台風《たいふう》ができる

海水温《かいすいおん》が高《たか》い海《うみ》の上《うえ》で、大量《たいりょう》の水蒸気《すいじょうき》によって次々《つぎつぎ》と積乱雲《せきらんうん》がつくられる。積乱雲《せきらんうん》の集合体《しゅうごうたい》は、空気《くうき》を温《あたた》めて低気圧《ていきあつ》をつくる。地球《ちきゅう》の自転《じてん》の影響《えいきょう》でうずを巻《ま》きはじめ、台風《たいふう》となる。

2 海《うみ》から水蒸気《すいじょうき》を吸《す》い上《あ》げて大《おお》きくなる

暖《あたた》かい海《うみ》の上《うえ》を進《すす》む台風《たいふう》は、水蒸気《すいじょうき》が大量《たいりょう》にあたえられつづける。周囲《しゅうい》から吹《ふ》きこむ風《かぜ》はますます強《つよ》くなり、うずを巻《ま》く力《ちから》がより強《つよ》くなる。

3 冷《つめ》たい海《うみ》や陸《りく》まで来《く》ると弱《よわ》まる

海水温《かいすいおん》が低《ひく》いところや陸地《りくち》の上《うえ》は、暖《あたた》かい海《うみ》にくらべて空気中《くうきちゅう》に含《ふく》まれる水蒸気《すいじょうき》の量《りょう》が少《すく》ない。そのような場所《ばしょ》を通《とお》った台風《たいふう》は、勢力《せいりょく》が弱《よわ》まる。

台風《たいふう》の一生《いっしょう》

台風《たいふう》が発生《はっせい》し、海上《かいじょう》を移動《いどう》しながら勢力《せいりょく》を強《つよ》め、冷《つめ》たい海上《かいじょう》で勢力《せいりょく》が弱《よわ》まるまでをえがいた。北半球《きたはんきゅう》で発生《はっせい》するので、うずは反時計《はんとけい》まわりにまわっている。

南半球《みなみはんきゅう》では
時計回《とけいまわ》りになるよ

もっと知《し》りたい

南半球《みなみはんきゅう》に発生《はっせい》した熱帯低気圧《ねったいていきあつ》はすべて「サイクロン」とよばれる。

04

モンスーンの正体《しょうたい》は大規模《だいきぼ》な"海風《うみかぜ》"

　夏《なつ》の暑《あつ》い日《ひ》に海辺《うみべ》へ行《い》くと、海《うみ》から風《かぜ》が吹《ふ》いてくるのが感《かん》じられます。これを「海風《うみかぜ》」といいます。１３２ページで紹介《しょうかい》したように、海水《かいすい》には温《あたた》まりにくい性質《せいしつ》があるので、夏《なつ》は海《うみ》より陸《りく》のほうが暑《あつ》くなります。温《あたた》まった空《くう》気《き》は軽《かる》くなって上昇《じょうしょう》するので、地表近《ちひょうちか》くの気圧《きあつ》は下《さ》がります。風《かぜ》は、気圧《きあつ》が高《たか》いところから低《ひく》いところへ向《む》かって吹《ふ》くため、「海風《うみかぜ》」が生《う》まれます。

　海風《うみかぜ》は、海辺《うみべ》のまわりの数《すう》キロメートルの範囲《はんい》でおきる現象《げんしょう》ですが、これと似《に》たしくみで、世界中《せかいじゅう》に影響《えいきょう》をあたえる大規模《だいきぼ》な風《かぜ》があります。それが「モンスーン（季節風《きせつふう》）」です。

　モンスーンは、暑《あつ》い夏《なつ》には海《うみ》から陸《りく》へ、寒《さむ》い冬《ふゆ》には陸《りく》から海《うみ》に向《む》かって吹《ふ》きます。左《ひだり》の図《ず》は、夏《なつ》のインドでモンスーンが吹《ふ》くようすをあらわしています。海《うみ》から陸《りく》に向《む》かって吹《ふ》く風《かぜ》は、地《ち》球《きゅう》の自転《じてん》の影響《えいきょう》を受《う》け、南西《なんせい》からインドに向《む》かってななめに吹《ふ》いてきます。

夏《なつ》のインドのモンスーン

大陸《たいりく》の上《うえ》では、空気《くうき》が温《あたた》められて気圧《きあつ》が低《ひく》くなり上昇気流《じょうしょうきりゅう》ができる。陸地《りくち》にくらべて温《おん》度《ど》の低《ひく》いインド洋《よう》では、高気圧《こうきあつ》（青《あお》いドーム）ができ、下降気流《かこうきりゅう》が生《う》まれる。モンスーン（黄色《きいろ》の矢印《やじるし》）の向《む》きは、地球《ちきゅう》の自転《じてん》の影響《えいきょう》によって、南半球《みなみはんきゅう》では風向《かざむ》きが進行方向《しんこうほうこう》の左側《ひだりがわ》に曲《ま》がり、北半球《きたはんきゅう》では右側《みぎがわ》に曲《ま》がる。

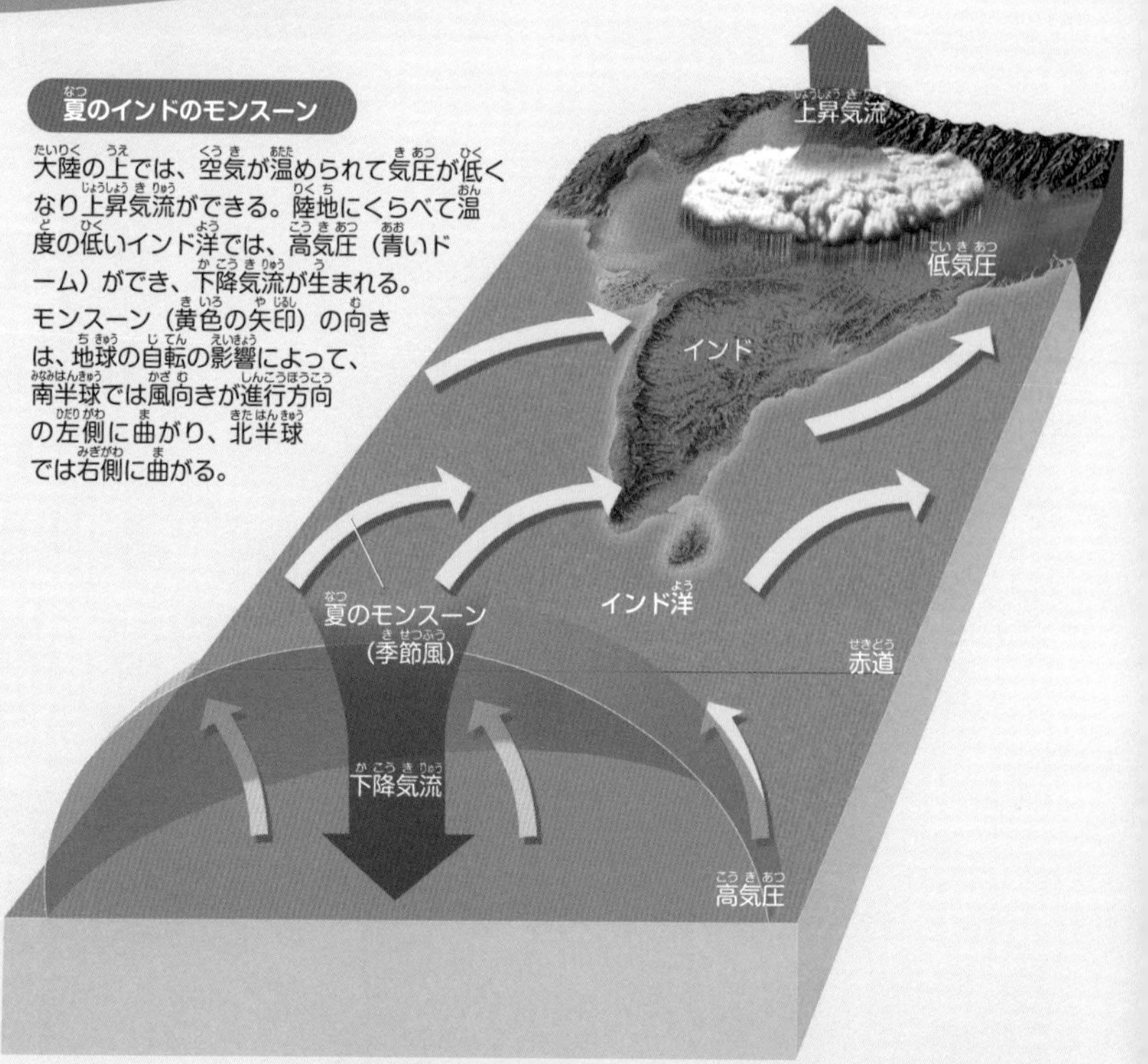
上昇気流
低気圧《ていきあつ》
インド
夏《なつ》のモンスーン
（季節風《きせつふう》）
インド洋《よう》
赤道《せきどう》
下降気流《かこうきりゅう》
高気圧《こうきあつ》

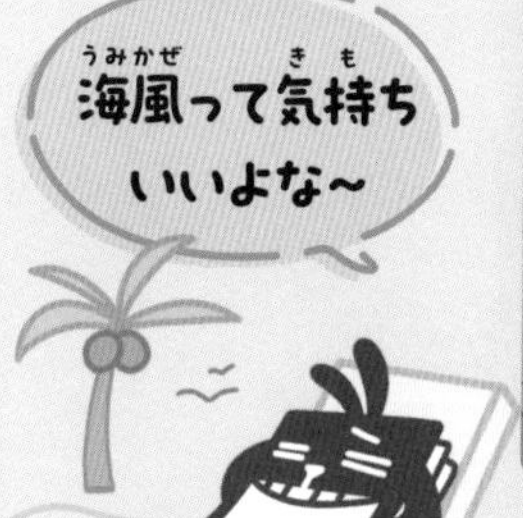
海風《うみかぜ》って気持《きも》ち
いいよな～

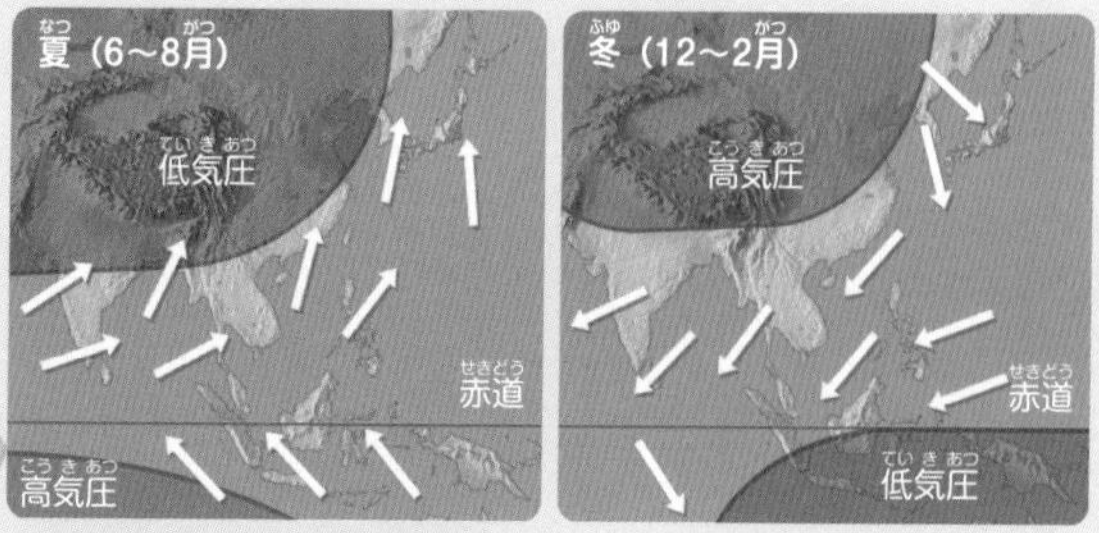
夏《なつ》（6～8月《がつ》）
低気圧《ていきあつ》
赤道《せきどう》
高気圧《こうきあつ》
冬《ふゆ》（12～2月《がつ》）
高気圧《こうきあつ》
赤道《せきどう》
低気圧《ていきあつ》

アジアに吹《ふ》くモンスーン

夏《なつ》は、インド洋《よう》やオセアニアのほうから、インドや中国《ちゅうごく》、日本《にほん》に向《む》かって風《かぜ》が吹《ふ》く。冬《ふゆ》はその逆向《ぎゃくむ》きの風《かぜ》が吹《ふ》く。アジアのほかに、アフリカ大陸《たいりく》や南《みなみ》アメリカのアマゾン川流域《がわりゅういき》でもモンスーンは生《う》まれる。

もっと知《し》りたい

モンスーンがもたらす雨《あめ》は、東南《とうなん》・南《みなみ》アジアの豊《ゆた》かな水稲農業《すいとうのうぎょう》を支《ささ》えている。

05

ペルー沖《おき》の海面温度《かいめんおんど》が上《あ》がる エルニーニョ現象《げんしょう》

ニュースなどで「エルニーニョ現《げん》象《しょう》」という言葉《ことば》を聞《き》くことがあります。異常気象《いじょうきしょう》をもたらす原因《げんいん》であるこの現《げん》象《しょう》は、南米《なんべい》にあるペルー沖《おき》の海《うみ》が、数《すう》年《ねん》に一度《いちど》暖《あたた》かくなることでおきます。

ペルー沖《おき》などの赤道《せきどう》に近《ちか》い海《うみ》には、「貿易風《ぼうえきふう》」が吹《ふ》いています。これにより、海面《かいめん》で温《あたた》められた海水《かいすい》が流《なが》れ、深《ふか》い海《うみ》から冷《つめ》たい海水《かいすい》が上昇《じょうしょう》するので、ペルー沖《おき》の海《うみ》は冷《つめ》たくなります。

しかし、数年《すうねん》に一度《いちど》、貿易風《ぼうえきふう》が弱《よわ》い年《とし》があります。そうなると、海水《かいすい》が流《なが》れていかないので、ペルー沖《おき》の海《うみ》は暖《あたた》かくなります。そして、上昇気流《じょうしょうきりゅう》が発《はっ》生《せい》し、気圧《きあつ》が低《ひく》くなります。

世界各地《せかいかくち》の気象《きしょう》は、おたがいに影響《えいきょう》し合《あ》っています。ペルー沖《おき》で、いつもとちがう場所《ばしょ》に低気圧《ていきあつ》が生《う》まれれば、ほかの場所《ばしょ》でもいつもとちがう場所《ばしょ》に高気圧《こうきあつ》や低気圧《ていきあつ》ができます。このようにして、エルニーニョ現象《げんしょう》は世界中《せかいじゅう》に異常気象《いじょうきしょう》をもたらすのです。

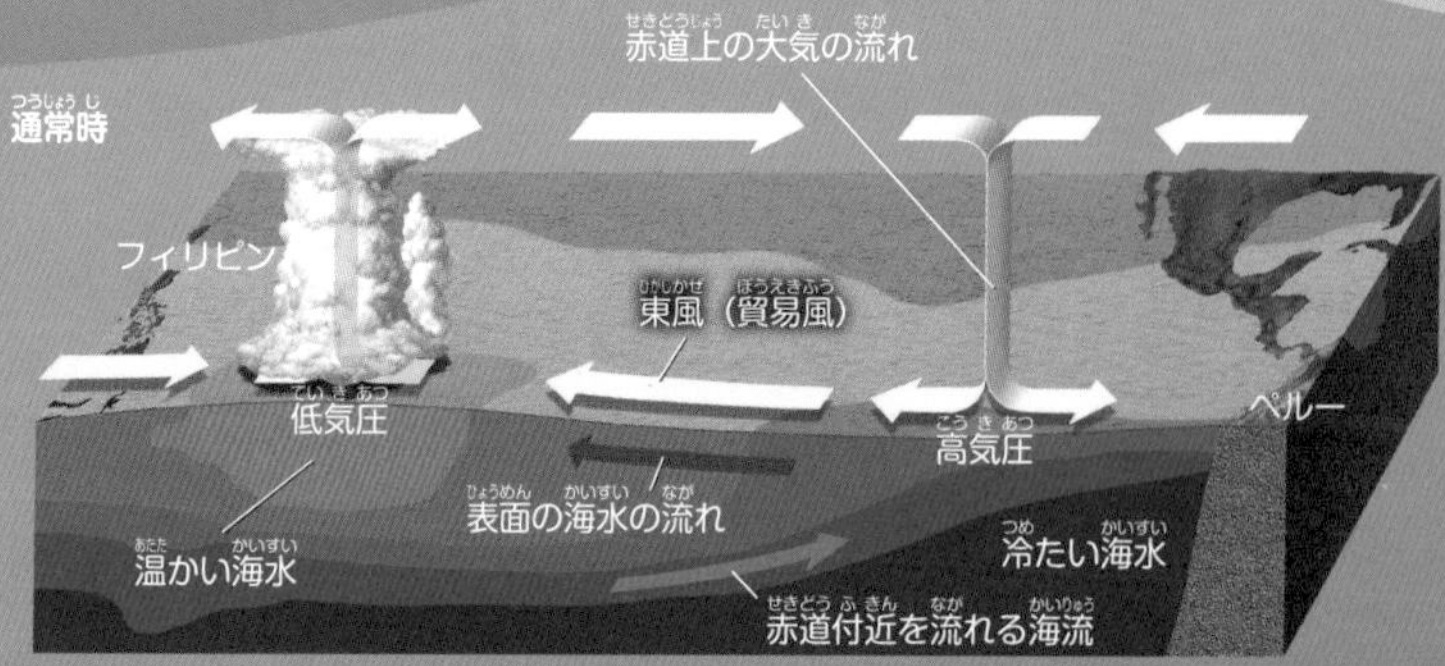
通常時《つうじょうじ》
赤道上《せきどうじょう》の大気《たいき》の流《なが》れ
フィリピン
東風《ひがしかぜ》（貿易風《ぼうえきふう》）
低気圧《ていきあつ》
高気圧《こうきあつ》
ペルー
表面《ひょうめん》の海水《かいすい》の流《なが》れ
温《あたた》かい海水《かいすい》
冷《つめ》たい海水《かいすい》
赤道付近《せきどうふきん》を流《なが》れる海流《かいりゅう》

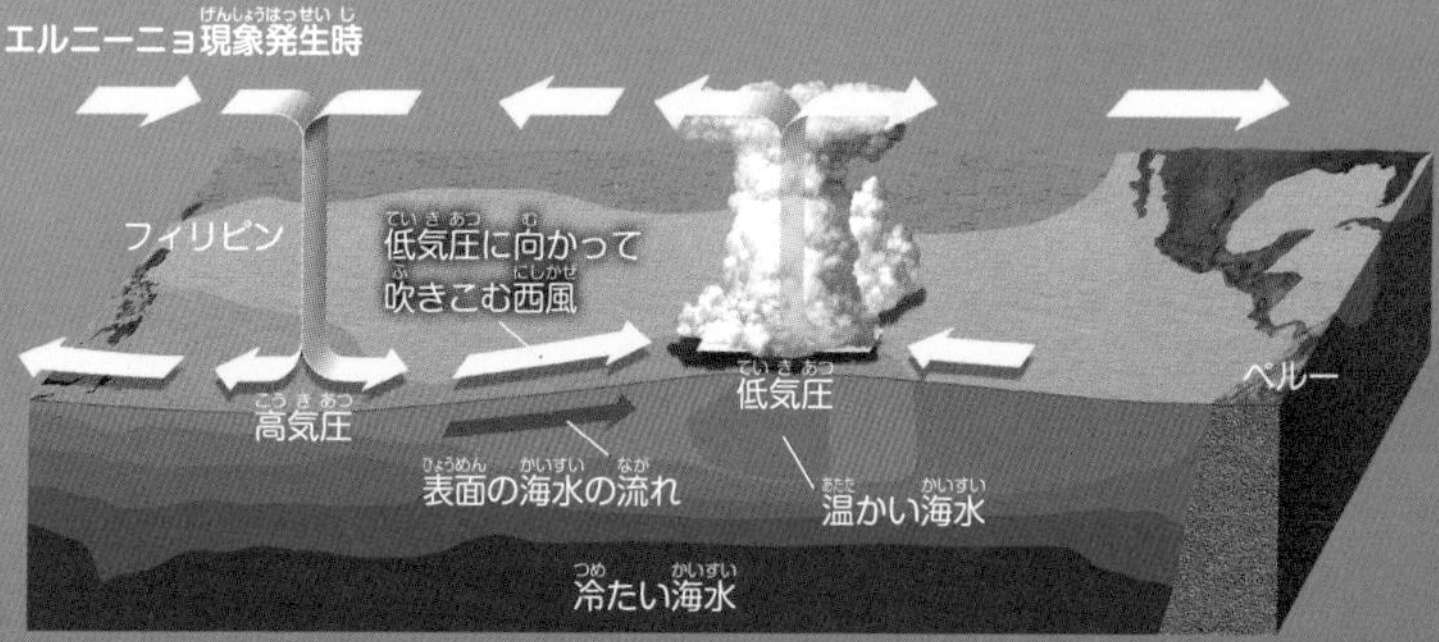
エルニーニョ現象発生時《げんしょうはっせいじ》
フィリピン
低気圧《ていきあつ》に向《む》かって
吹《ふ》きこむ西風《にしかぜ》
高気圧《こうきあつ》
低気圧《ていきあつ》
ペルー
表面《ひょうめん》の海水《かいすい》の流《なが》れ
温《あたた》かい海水《かいすい》
冷《つめ》たい海水《かいすい》

エルニーニョ現象《げんしょう》のしくみ

通常時《つうじょうじ》は、貿易風《ぼうえきふう》の影響《えいきょう》で海《うみ》の表面《ひょうめん》に東向《ひがしむ》きの流《なが》れが生《う》まれ、ペルー沖《おき》の海《うみ》は冷《つめ》たくなり、フィリピン沖《おき》に低気圧《ていきあつ》ができる。エルニーニョ現象《げんしょう》が発生《はっせい》すると、貿易風《ぼうえきふう》が弱《よわ》いためペルー沖《おき》は冷《つめ》たくならず、通常時《つうじょうじ》とはことなる場所《ばしょ》に低気圧《ていきあつ》ができる。

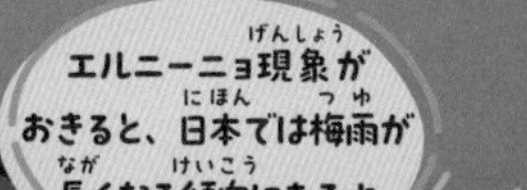
エルニーニョ現象《げんしょう》が
おきると、日本《にほん》では梅雨《つゆ》が
長《なが》くなる傾向《けいこう》にあるよ

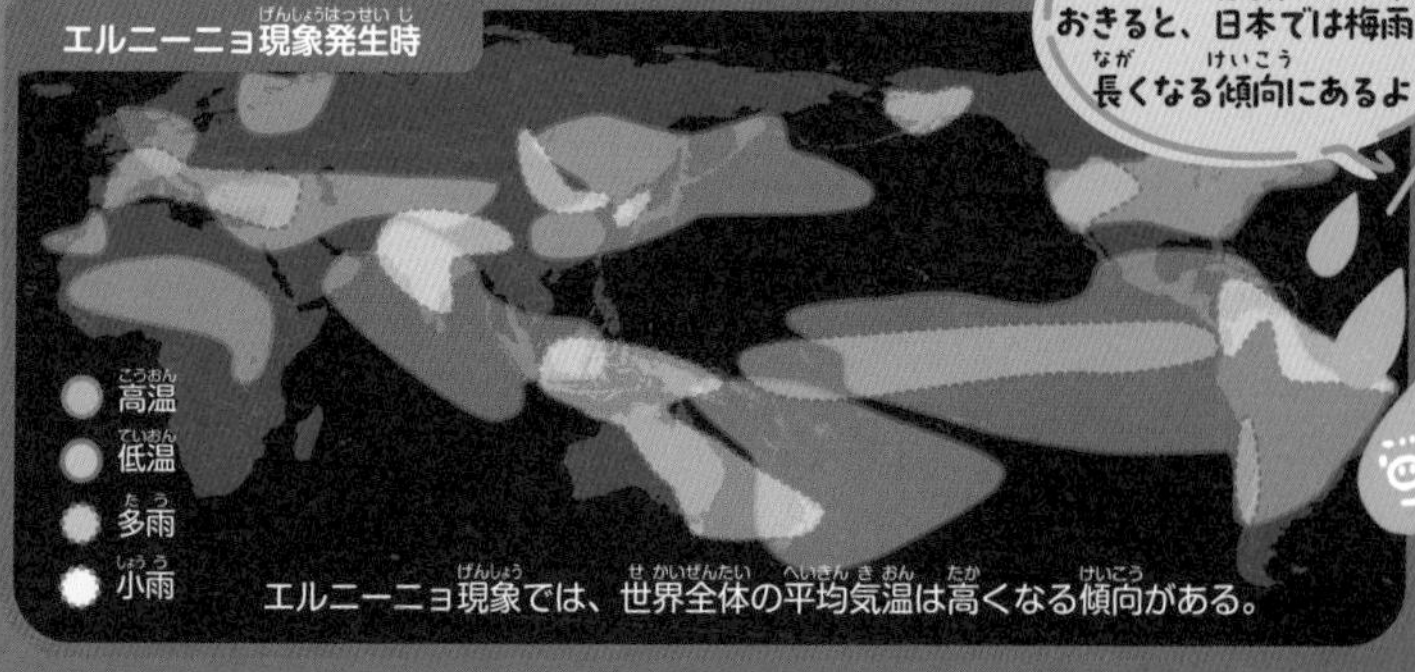
エルニーニョ現象発生時《げんしょうはっせいじ》
高温《こうおん》
低温《ていおん》
多雨《たう》
小雨《しょうう》

エルニーニョ現象《げんしょう》では、世界全体《せかいぜんたい》の平均気温《へいきんきおん》は高《たか》くなる傾向《けいこう》がある。

もっと知《し》りたい

「エルニーニョ現象《げんしょう》」とは逆《ぎゃく》に、貿易風《ぼうえきふう》が強《つよ》くなる「ラニーニャ現象《げんしょう》」もある。

06

地球温暖化《ちきゅうおんだんか》によって海面《かいめん》が上昇《じょうしょう》している

国連《こくれん》によると、２００１〜２０２０年《ねん》における世界《せかい》の平均気温《へいきんきおん》は、１８５０〜１９００年《ねん》の気温《きおん》よりも約《やく》１℃高《たか》かったそうです。過去《かこ》にも、地球上《ちきゅうじょう》の気温《きおん》が上《あ》がった時期《じき》はありましたが、１００年《ねん》かけて０・１℃上《あ》がるくらいの速度《そくど》でした。現在《げんざい》の地球温暖化《ちきゅうおんだんか》は、過去《かこ》にないペースで進《すす》んでいるのです。

地球温暖化《ちきゅうおんだんか》によっておきる現象《げんしょう》の１つが、海面《かいめん》の水位《すいい》の上昇《じょうしょう》です。なぜ、そのようなことがおこるかというと、海水《かいすい》などの水《みず》は、温《あたた》められると膨張《ぼうちょう》する性質《せいしつ》があるからです。また、温暖化《おんだんか》が進《すす》むと、氷河《ひょうが》や氷床《ひょうしょう》などがとけて大量《たいりょう》の水《みず》が海《うみ》に流《なが》れこみ、海《かい》面《めん》はさらに上昇《じょうしょう》します。

これから、海面《かいめん》の水位《すいい》はどんどん上《じょう》昇《しょう》するといわれており、２１００年《ねん》には今《いま》より最大《さいだい》で1メートル、２３００年《ねん》には15メートルも上昇《じょうしょう》するそうです。そうなると、東京《とうきょう》などの沿岸《えんがん》の都《と》市《し》は沈没《ちんぼつ》してしまうでしょう。

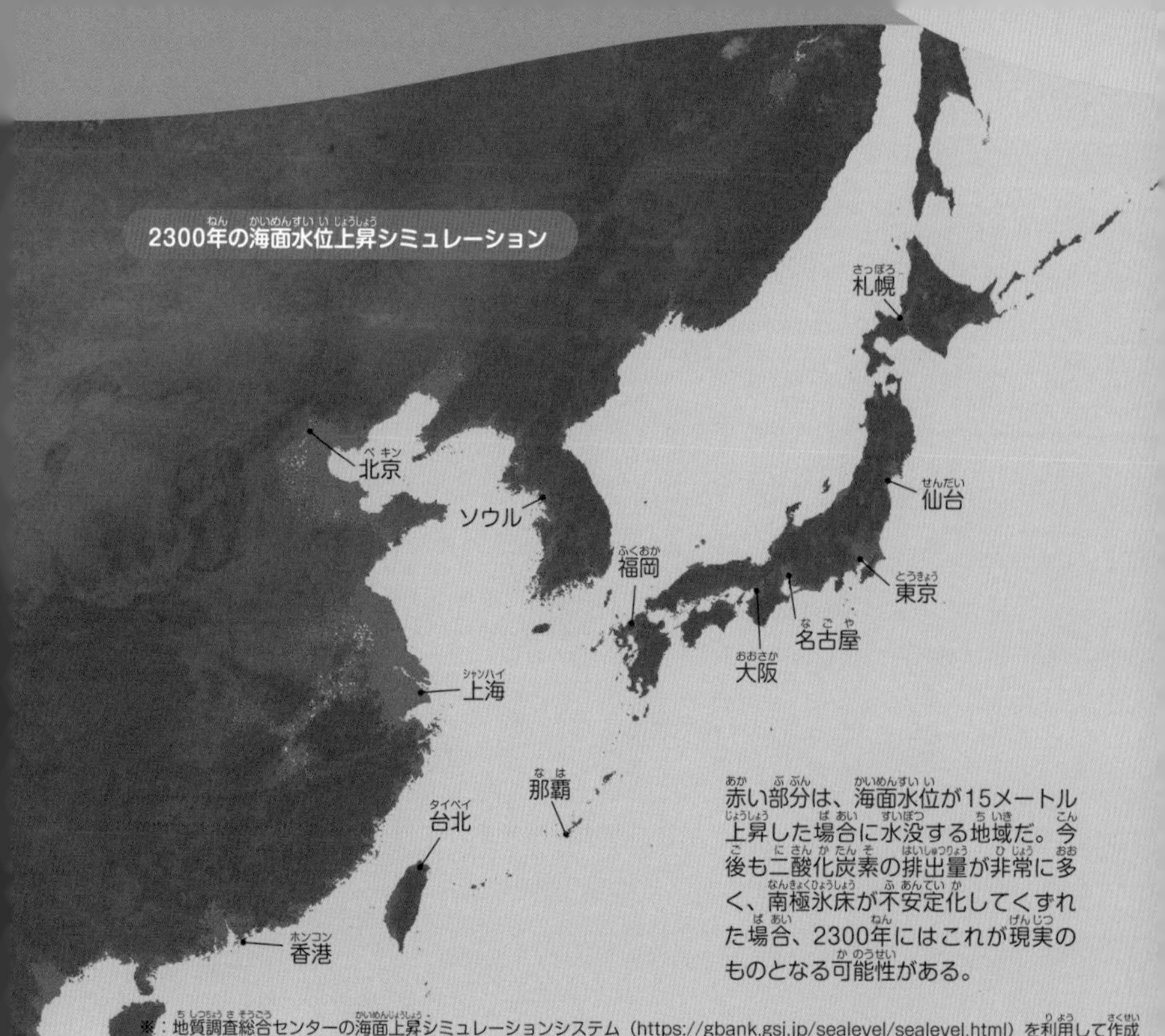

2300年《ねん》の海面水《かいめんすい》位《い》上昇《じょうしょう》シミュレーション
札幌《さっぽろ》
北京《ペキン》
ソウル
仙台《せんだい》
福岡《ふくおか》
東京《とうきょう》
名古屋《なごや》
大阪《おおさか》
上海《シャンハイ》
那覇《なは》
台北《タイペイ》
香港《ホンコン》

赤《あか》い部分《ぶぶん》は、海面水位《かいめんすいい》が15メートル上昇《じょうしょう》した場合《ばあい》に水没《すいぼつ》する地域《ちいき》だ。今《こん》後《ご》も二酸化炭素《にさんかたんそ》の排出量《はいしゅつりょう》が非常《ひじょう》に多《おお》く、南極氷床《なんきょくひょうしょう》が不安定《ふあんてい》化《か》してくずれた場合《ばあい》、2300年《ねん》にはこれが現実《げんじつ》のものとなる可能性《かのうせい》がある。

※：地質調査総合《ちしつちょうさそうごう》センターの海面上昇《かいめんじょうしょう》シミュレーションシステム（https://gbank.gsj.jp/sealevel/sealevel.html）を利用《りよう》して作成《さくせい》

住《す》んでいるところが
沈《しず》むのはイヤだぜ

海面上昇《かいめんじょうしょう》で島《しま》が消《き》える

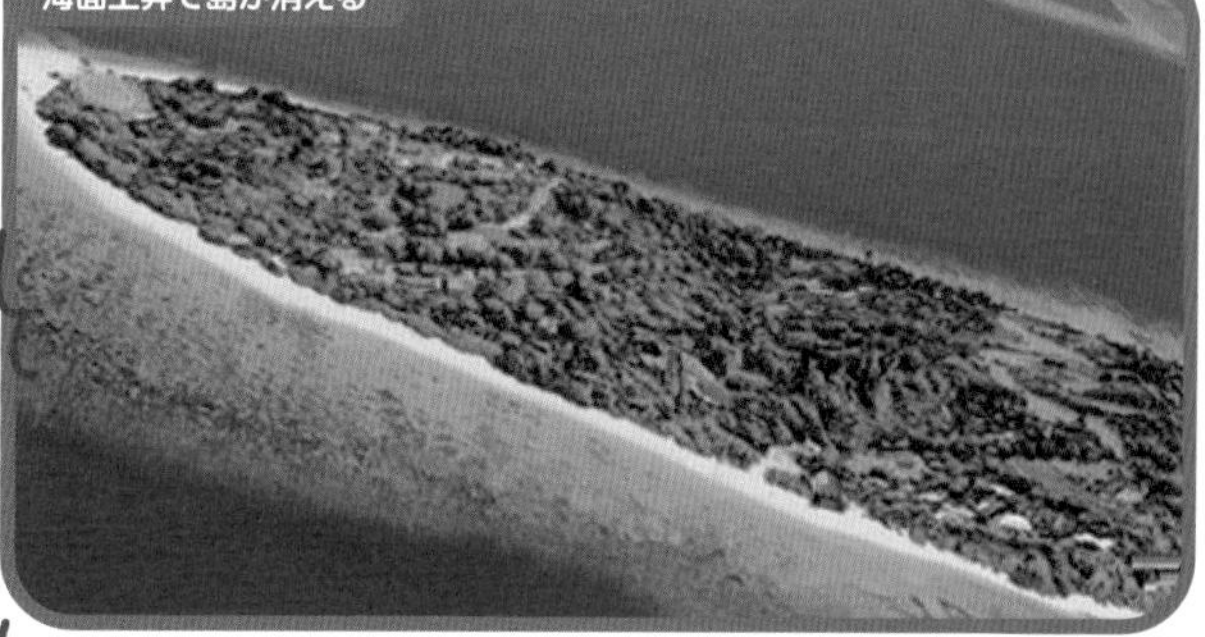

写真《しゃしん》は、インド洋《よう》に浮《う》かぶモルディブ共和国《きょうわこく》の島《しま》。インド洋《よう》や南太平洋《みなみたいへいよう》に浮《う》かぶ島々《しまじま》の多《おお》くは、サンゴ礁《しょう》などでできているため、高《たか》い山《やま》などの高地《こうち》がほとんどない。これらの島《しま》は、海面上昇《かいめんじょうしょう》によって多《おお》くが海《うみ》に沈《しず》むおそれがある。

もっと知《し》りたい

日本《にほん》では、1メートルの海面上昇《かいめんじょうしょう》で砂浜《すなはま》の9割以上《わりいじょう》が失《うしな》われると予測《よそく》されている。

07 ジェット機《き》の速《はや》さで地球《ちきゅう》をかけめぐる津波《つなみ》

海《うみ》は、ときに陸上《りくじょう》にいる私《わたし》たちの生活《せいかつ》や命《いのち》をおびやかします。たとえば津波《つなみ》は、洪水《こうずい》のようになって陸《りく》に流《なが》れこみ、街《まち》を襲《おそ》います。そして、波《なみ》が引《ひ》くときには、すべてを海《うみ》にもちさってしまいます。

2011年《ねん》の東日本大震災《ひがしにほんだいしんさい》を引《ひ》きおこした東北地方太平洋沖地震《とうほくちほうたいへいようおきじしん》では、10メートルをこえる津波《つなみ》が観《かん》測《そく》され、多《おお》くの被害《ひがい》が出《で》ました。

海《うみ》に震源《しんげん》がある地震《じしん》が発生《はっせい》し、

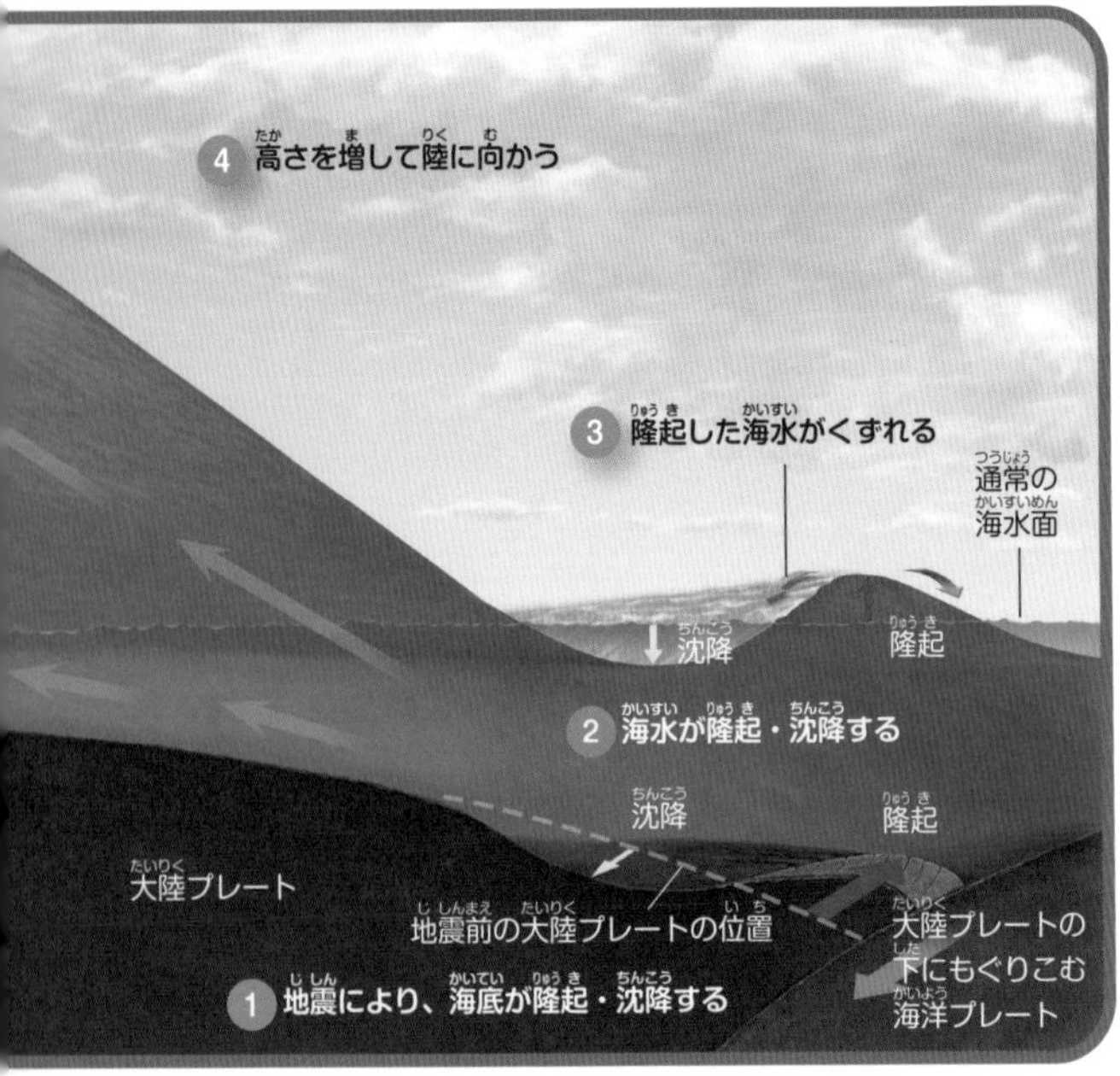

4 高《たか》さを増《ま》して陸《りく》に向《む》かう
3 隆起《りゅうき》した海水《かいすい》がくずれる
通常《つうじょう》の海水面《かいすいめん》
沈降《ちんこう》
隆起《りゅうき》
2 海水《かいすい》が隆起《りゅうき》・沈降《ちんこう》する
沈降《ちんこう》
隆起《りゅうき》
大陸《たいりく》プレート
地震前《じしんまえ》の大陸《たいりく》プレートの位置《いち》
大陸《たいりく》プレートの下《した》にもぐりこむ海洋《かいよう》プレート
1 地震《じしん》により、海底《かいてい》が隆起《りゅうき》・沈降《ちんこう》する

海底《かいてい》が大《おお》きく動《うご》くと、津波《つなみ》が発生《はっせい》します。津波《つなみ》は、水深《すいしん》の深《ふか》い場所《ばしょ》ほど速《はや》く進《すす》みます。たとえば水深《すいしん》5000メートルの海《うみ》を伝《つた》わるときには、ジェット機《き》並《な》みの速度《そくど》になります。1960年《ねん》に南米《なんべい》のチリで発生《はっせい》した地震《じしん》による津波《つなみ》は、24時間《じかん》で約《やく》1万《まん》9000キロメートルはなれた日本《にほん》まで到達《とうたつ》しました。

現在《げんざい》では、人工衛星《じんこうえいせい》や海底《かいてい》ケーブルを利用《りよう》して海《うみ》を見守《みまも》り、津波《つなみ》による被害《ひがい》をできるだけ防《ふせ》ぐための研究《けんきゅう》が行《おこな》われています。

高《たか》いところに避難《ひなん》だ！

風波《ふうは》
波高《はこう》
水《みず》の動《うご》き
波長《はちょう》
津波《つなみ》

津波《つなみ》と風波《ふうは》のちがい

風波《ふうは》と津波《つなみ》の大《おお》きなちがいは、「波長《はちょう》」の長《なが》さだ。風波《ふうは》は、台風《たいふう》などの強《つよ》い風《かぜ》によってつくられた「高波《たかなみ》」でも、その波長《はちょう》は600メートル以下《いか》が一般的《いっぱんてき》だが、津波《つなみ》の波長《はちょう》は数十《すうじゅう》〜数百《すうひゃく》キロメートルにもなる。津波《つなみ》の場合《ばあい》は、沖合《おきあい》でも、海底《かいてい》から海面《かいめん》までの水《みず》がいっせいに水平《すいへい》に動《うご》く。

もっと知《し》りたい

「ジェット機並《きな》みの速度《そくど》」とは、時速《じそく》800キロメートルくらいのことをいう。

08

海《うみ》は二酸化炭素《にさんかたんそ》を吸《す》って酸性《さんせい》になってきている

地球温暖化《ちきゅうおんだんか》の原因《げんいん》となる、大気《たいき》中《ちゅう》の二酸化炭素《にさんかたんそ》の増加《ぞうか》は、海《うみ》にも深刻《しんこく》な影響《えいきょう》をあたえています。それは「海洋酸性化《かいようさんせいか》」です。海水《かいすい》は、本来《ほんらい》は弱《じゃく》アルカリ性《せい》です。しかし、大量《たいりょう》の二酸化炭素《にさんかたんそ》がとけこむことで、酸性《さんせい》に近《ちか》づいているのです。

海《うみ》が酸性《さんせい》に近《ちか》づくと、一部《いちぶ》のプランクトンや貝《かい》、ウニ、ヒトデなど、「炭酸《たんさん》カルシウム」という成《せい》

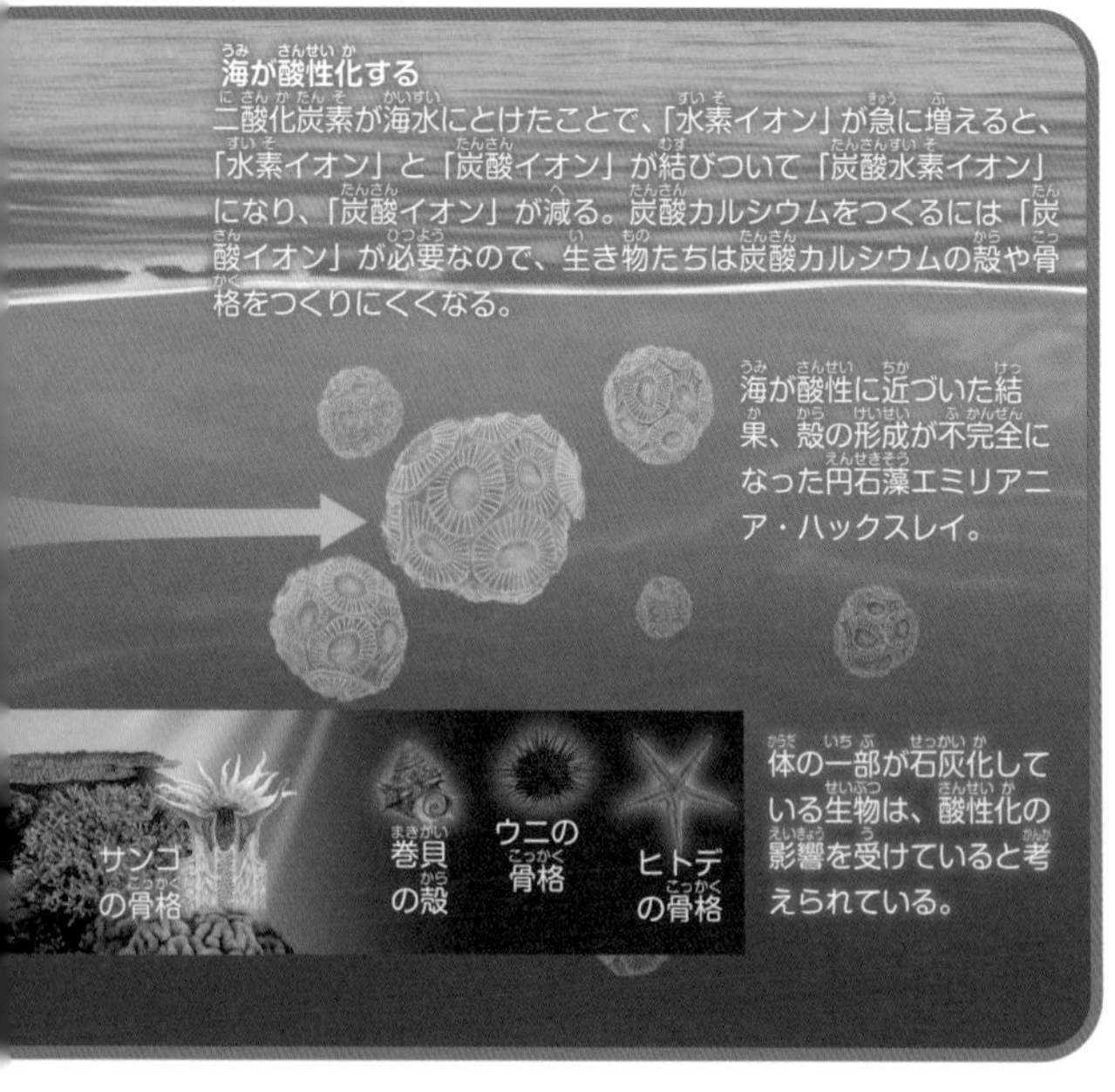
サンゴの骨格《こっかく》
巻貝《まきがい》の殻《から》
ウニの骨格《こっかく》
ヒトデの骨格《こっかく》

海《うみ》が酸性化《さんせいか》する
二酸化炭素《にさんかたんそ》が海水《かいすい》にとけたことで、「水素《すいそ》イオン」が急《きゅう》に増《ふ》えると、「水素《すいそ》イオン」と「炭酸《たんさん》イオン」が結《むす》びついて「炭酸水素《たんさんすいそ》イオン」になり、「炭酸《たんさん》イオン」が減《へ》る。炭酸《たんさん》カルシウムをつくるには「炭《たん》酸《さん》イオン」が必要《ひつよう》なので、生《い》き物《もの》たちは炭酸《たんさん》カルシウムの殻《から》や骨《こっ》格《かく》をつくりにくくなる。

海《うみ》が酸性《さんせい》に近《ちか》づいた結果《けっか》、殻《から》の形成《けいせい》が不完全《ふかんぜん》になった円石藻《えんせきそう》エミリアニア・ハックスレイ。

体《からだ》の一部《いちぶ》が石灰化《せっかいか》している生物《せいぶつ》は、酸性化《さんせいか》の影響《えいきょう》を受《う》けていると考《かんが》えられている。

分《ぶん》でできた殻《から》や骨格《こっかく》をもつ生《い》き物《もの》たちの成長《せいちょう》がさまたげられてしまいます。そうした生《い》き物《もの》たちがいなくなると、その生《い》き物《もの》を食《た》べていた生《い》き物《もの》たちも暮《く》らしていけなくなります。こうして海《うみ》の生態系《せいたいけい》（→80ページ）がこわされてしまうのです。やがては、私《わたし》たちがあたりまえに食《た》べている魚《さかな》や貝《かい》などもいなくなってしまうかもしれません。

海水《かいすい》は本来《ほんらい》は
アルカリ性《せい》なんだね

海《うみ》の酸性化《さんせいか》がおこるしくみ

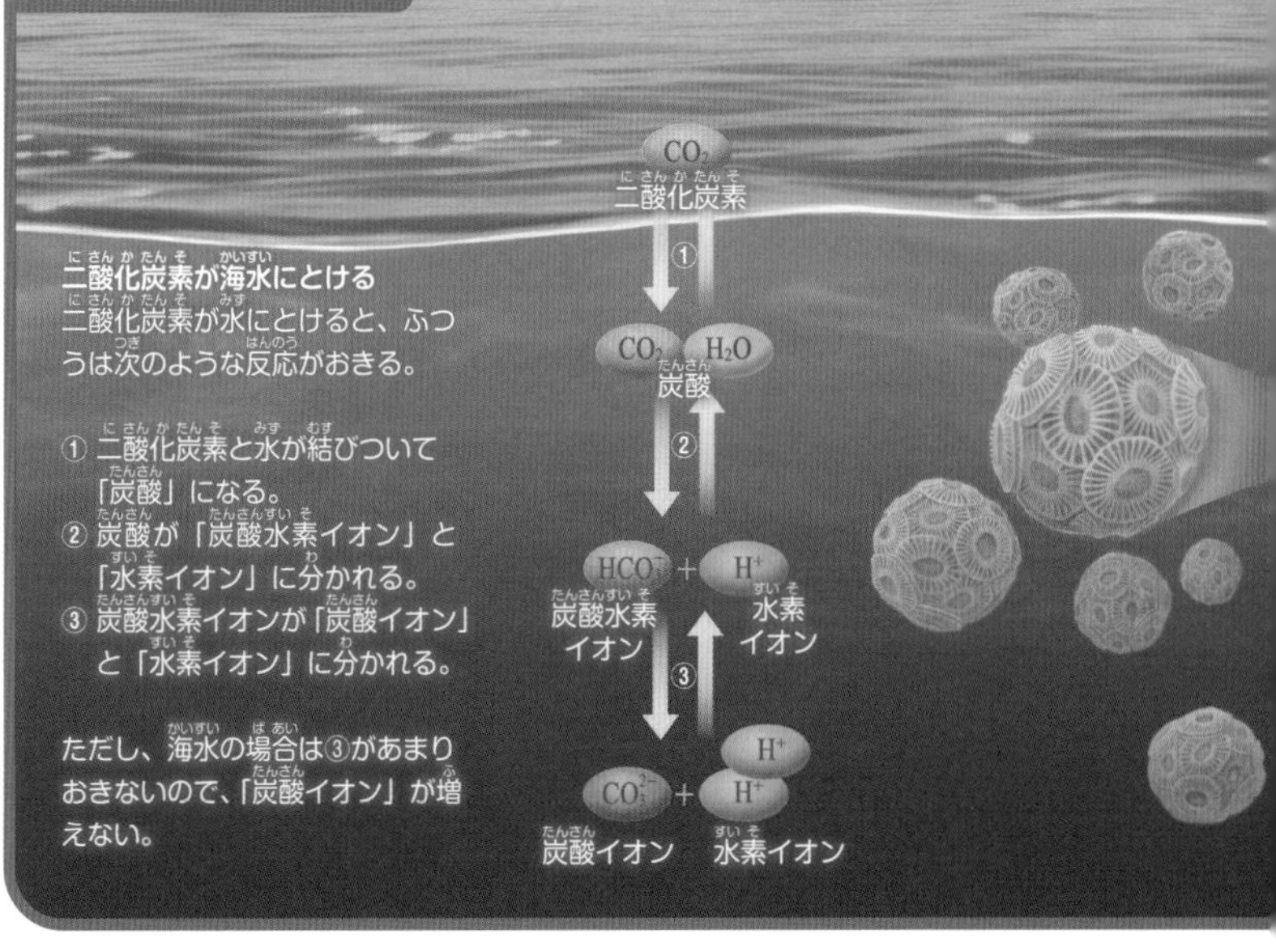
CO_2
二酸化炭素《にさんかたんそ》
①
CO_2 H_2O
炭酸《たんさん》
②
HCO_3^- + H^+
炭酸水素《たんさんすいそ》イオン
水素《すいそ》イオン
③
H^+
CO_3^{2-} + H^+
炭酸《たんさん》イオン
水素《すいそ》イオン
二酸化炭素《にさんかたんそ》が海水《かいすい》にとける
二酸化炭素《にさんかたんそ》が水《みず》にとけると、ふつうは次《つぎ》のような反応《はんのう》がおきる。
① 二酸化炭素《にさんかたんそ》と水《みず》が結《むす》びついて「炭酸《たんさん》」になる。
② 炭酸《たんさん》が「炭酸水素《たんさんすいそ》イオン」と「水素《すいそ》イオン」に分《わ》かれる。
③ 炭酸水素《たんさんすいそ》イオンが「炭酸《たんさん》イオン」と「水素《すいそ》イオン」に分《わ》かれる。
ただし、海水《かいすい》の場合《ばあい》は③があまりおきないので、「炭酸《たんさん》イオン」が増《ふ》えない。

もっと知《し》りたい

海洋酸性化《かいようさんせいか》への対策《たいさく》に、二酸化炭素《にさんかたんそ》を吸収《きゅうしゅう》する海藻《かいそう》などを増《ふ》やす取《と》り組《く》みがある。

やすみじかん

海《うみ》を汚《よご》すマイクロプラスチック

現在《げんざい》、海《うみ》に流出《りゅうしゅつ》するプラスチックごみが問《もん》題《だい》になっています。とくに、直径《ちょっけい》5ミリメートル以下《いか》の「マイクロプラスチック」は、もともと有害物質《ゆうがいぶっしつ》を含《ふく》んでいるうえ、さらに海《かい》水中《すいちゅう》の有害物質《ゆうがいぶっしつ》をくっつける性質《せいしつ》があり、これを飲《の》みこんだ生《い》き物《もの》や、その生《い》き物《もの》を食《た》べた生《い》き物《もの》の体《からだ》をむしばみます。

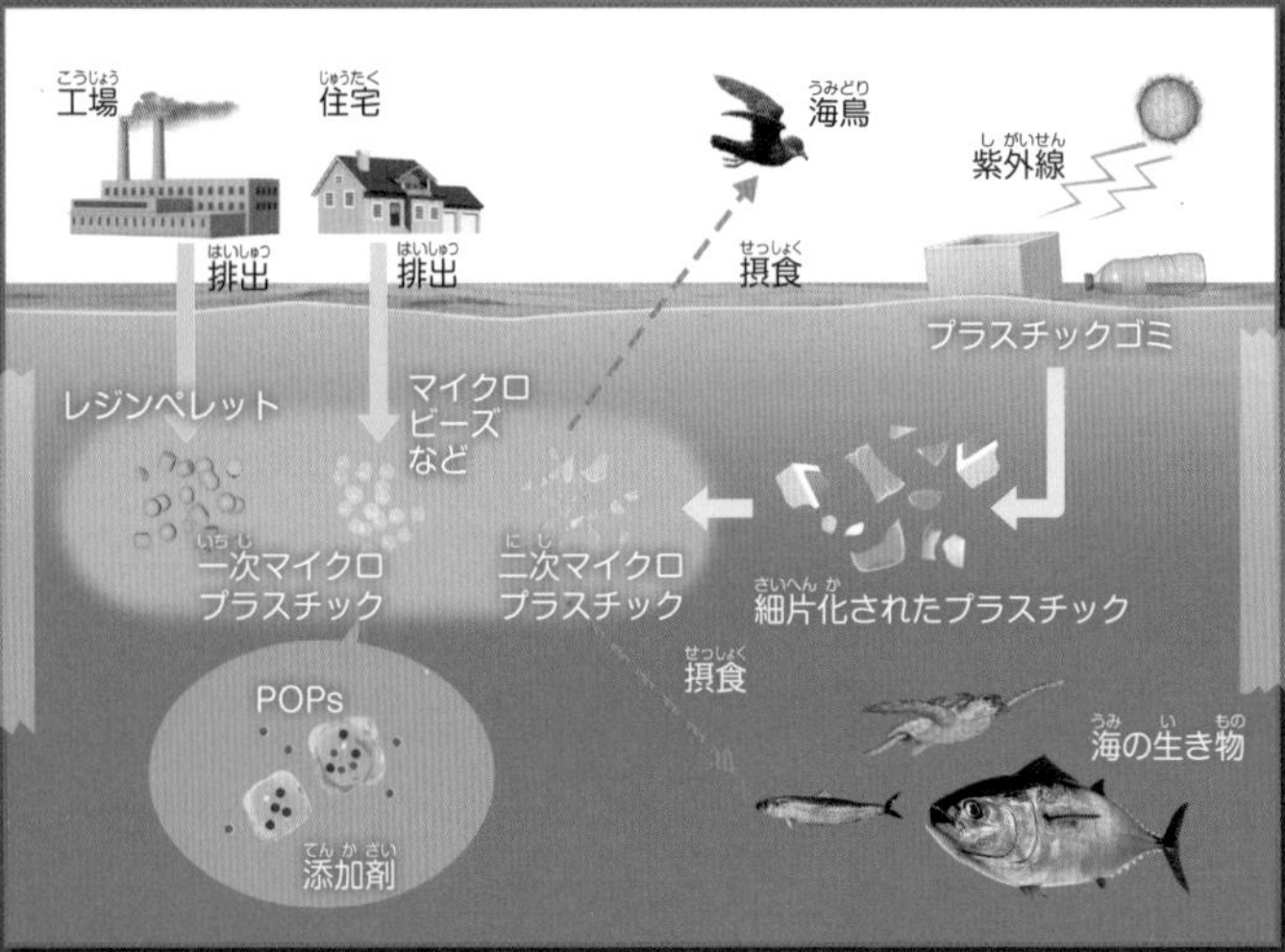

最初《さいしょ》から小《ち》さい「一次《いちじ》マイクロプラスチック」と、大《おお》きなプラスチック製品《せいひん》が劣化《れっか》してできた「二次《にじ》マイクロプラスチック」は、添加剤《てんかざい》やPOPsなどの有害物質《ゆうがいぶっしつ》を含《ふく》み、海水《かいすい》中《ちゅう》からも吸着《きゅうちゃく》する。プラスチックを食《た》べた生《い》き物《もの》の体内《たいない》にこうした物質《ぶっしつ》が蓄積《ちくせき》される。

6 じかんめ

海《うみ》のもたらすめぐみ

むかしから私《わたし》たち人類《じんるい》は、食《た》べ物《もの》や資材《しざい》など、生活《せいかつ》に必要《ひつよう》な多《おお》くのものを海《うみ》から得《え》てきました。現在《げんざい》、海《うみ》にはまだ多《おお》くの資源《しげん》がねむっていることがわかってきていて、それを取《と》り出《だ》すための技術開発《ぎじゅつかいはつ》が進《すす》められています。その一部《いちぶ》をお見《み》せしましょう。

01 海《うみ》にはまだ開発《かいはつ》されていない資源《しげん》がたくさんある

文明社会《ぶんめいしゃかい》を生《い》きる私《わたし》たちにとって、エネルギーや工業製品《こうぎょうせいひん》の原料《げんりょう》となる資源《しげん》はかかせません。長《なが》い間《あいだ》、資源《しげん》の開発《かいはつ》は陸地《りくち》で行《おこな》われてきましたが、資源《しげん》には限《かぎ》りがあるため、いずれはなくなってしまいます。

そこで、注目《ちゅうもく》されたのが海《うみ》です。下《した》の図《ず》は、世界《せかい》の海洋資源《かいようしげん》の分布《ぶんぷ》をあらわしています。

ピンク色《いろ》の部分《ぶぶん》は、水深《すいしん》30

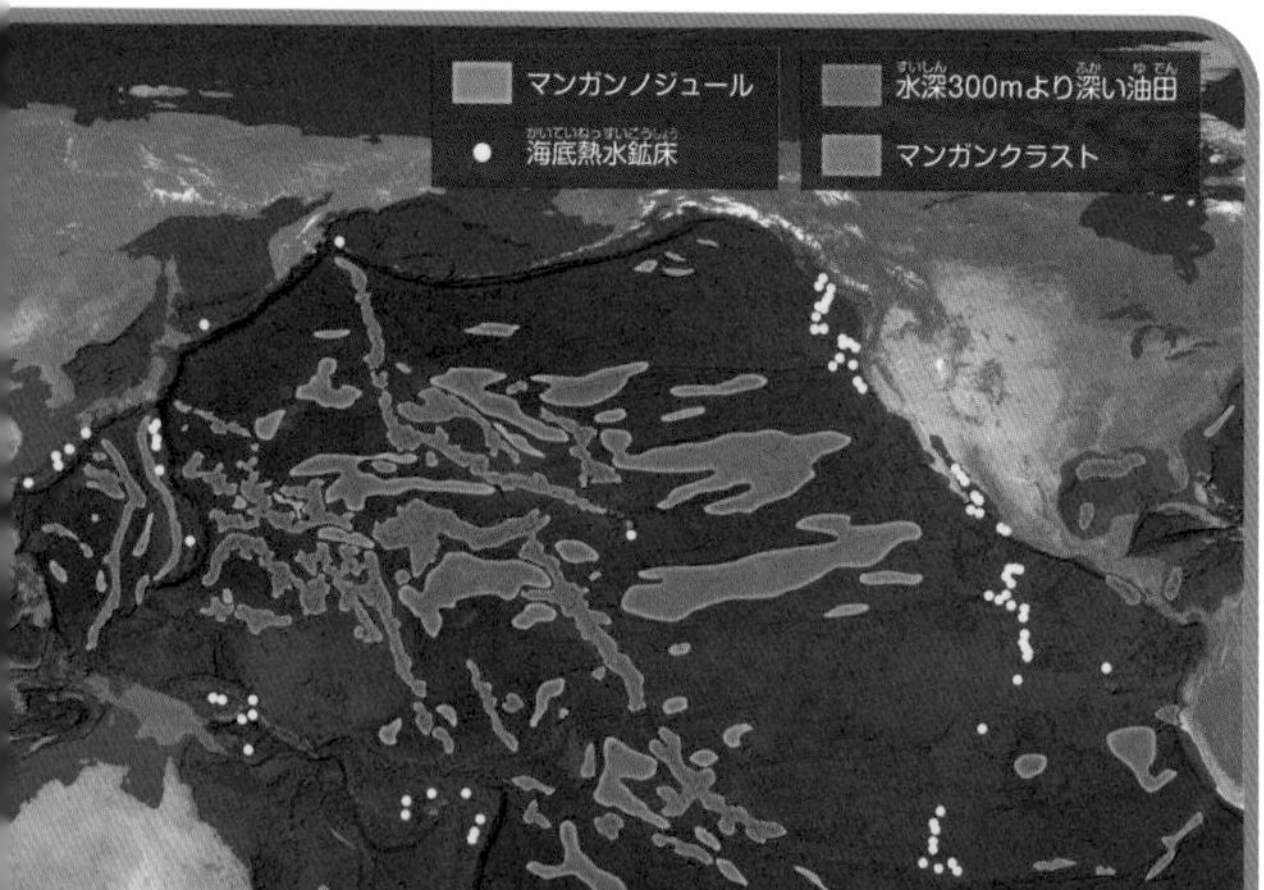

油田《ゆでん》の分布《ぶんぷ》は石油天然《せきゆてんねん》ガス・金属鉱物資源機構《きんぞくこうぶつしげんきこう》（JOGMEC）の資料《しりょう》を元《もと》にし、その他《た》の資源《しげん》の分布《ぶんぷ》は『海底《かいてい》マンガン鉱床《こうしょう》の地球科学《ちきゅうかがく》』を参考《さんこう》に作成《さくせい》

0メートルをこえる場所《ばしょ》にある油田《ゆでん》（石油《せきゆ》がある場所《ばしょ》）です。すでに北海《ほっかい》、メキシコ湾《わん》、ブラジル沖《おき》、西《にし》アフリカ沖《おき》などで開発《かいはつ》が行《おこな》われています。

オレンジ色《いろ》の部分《ぶぶん》は「マンガンクラスト」、水色《みずいろ》の部分《ぶぶん》は「マンガンノジュール」という金属《きんぞく》資源《しげん》の分布《ぶんぷ》です。160ページでくわしく解説《かいせつ》しています。

黄色《きいろ》い丸《まる》は、「海底熱水鉱床《かいていねっすいこうしょう》」が確認《かくにん》されている場所《ばしょ》です。くわしくは162ページを見《み》てみましょう。

もっと知《し》りたい

海洋資源《かいようしげん》を掘削《くっさく》する権利《けんり》は、領海《りょうかい》や排他的経済水域《はいたてきけいざいすいいき》にその海《うみ》をもつ国《くに》にある。

02 日本《にほん》の海《うみ》にはさまざまな資源《しげん》がねむる

日本《にほん》はかつて〝黄金《おうごん》の国《くに》〟とよばれたこともあるほど、鉱物資源《こうぶつしげん》にめぐまれた国《くに》でした。現在《げんざい》では陸上《りくじょう》の多《おお》くの鉱《こう》山《ざん》が閉山《へいざん》していますが、日本《にほん》の近海《きんかい》には、まださまざまな鉱物資源《こうぶつしげん》やエネルギー資源《しげん》があることがわかっています。

たとえば「燃《も》える氷《こおり》」といわれる「メタンハイドレート」は、天然《てんねん》ガスの主《しゅ》成分《せいぶん》であるメタンを含《ふく》んだ氷《こおり》です。メタンハイドレートがねむる日本近海《にほんきんかい》の海底《かいてい》の下《した》まで掘《ほ》り、メタンガスを採取《さいしゅ》することにはすでに成功《せいこう》しています。

日本近海《にほんきんかい》には、「マンガンクラスト」、「マンガンノジュール」、「レアアース泥《でい》」といった、価値《かち》の高《たか》い鉱物資《こうぶつし》源《げん》が海底《かいてい》にあることもわかっています。

また、火山活動《かざんかつどう》が見《み》られる海域《かいいき》では、「海底熱水鉱床《かいていねっすいこうしょう》」とよばれる、金《きん》属《ぞく》がたくさん集《あつ》まった場所《ばしょ》が見《み》つかっています。さらには、海水中《かいすいちゅう》にとけこんだ資源《しげん》を取《と》り出《だ》す技術《ぎじゅつ》も開発《かいはつ》されています。

日本近海《にほんきんかい》の海洋資源《かいようしげん》

日本近海《にほんきんかい》に存在《そんざい》する海洋資源《かいようしげん》を地図上《ちずじょう》に示《しめ》した。緑色《みどりいろ》はメタンハイドレート、オレンジ色《いろ》はマンガンクラスト、水色《みずいろ》はマンガンノジュール、黄色《きいろ》の丸《まる》は海底熱水鉱床《かいていねっすいこうしょう》の分布《ぶんぷ》をあらわしている。白《しろ》い点線《てんせん》で示《しめ》した範囲《はんい》が日本《にほん》の排他的経済水域《はいたてきけいざいすいいき》である。

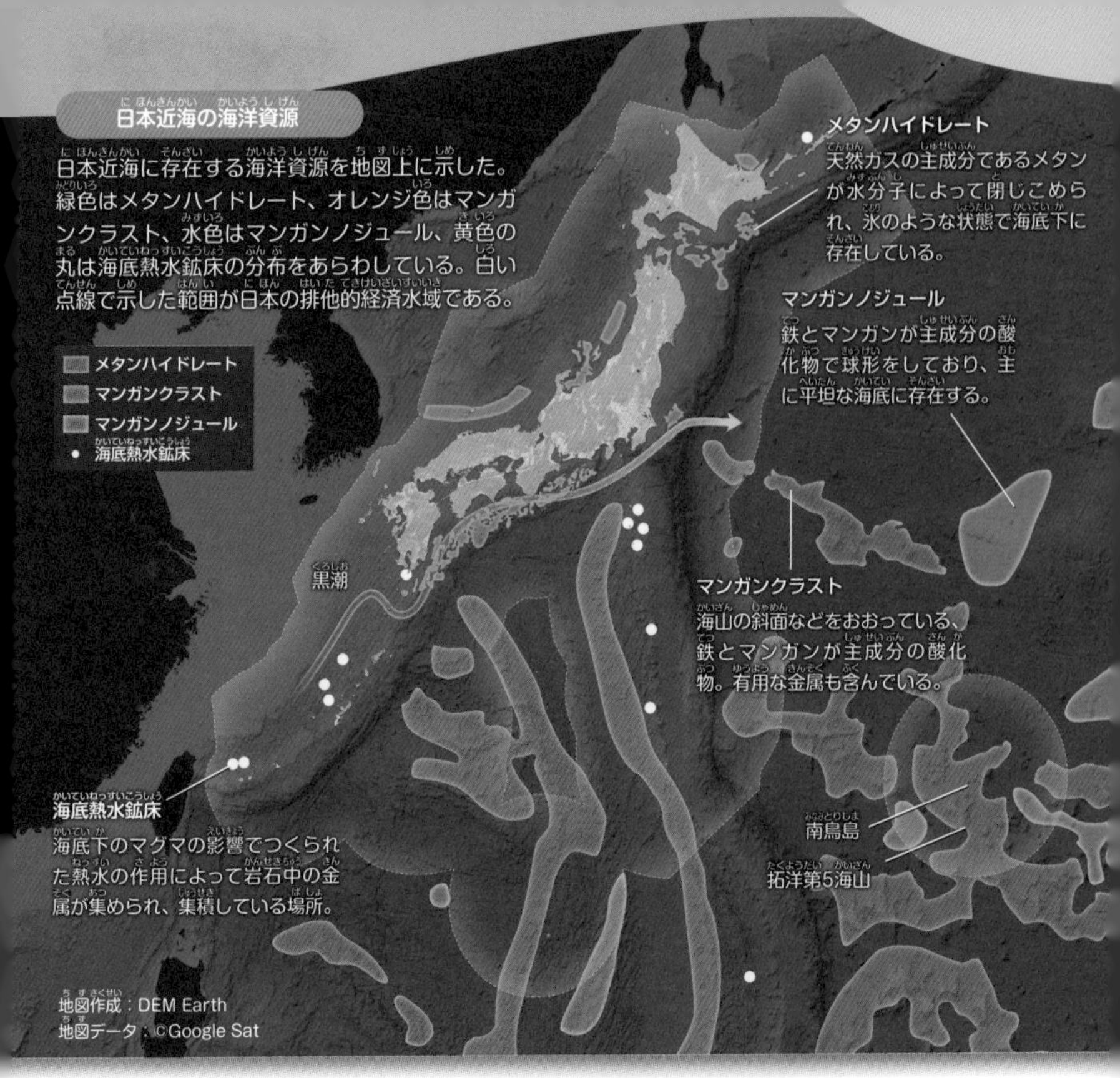
メタンハイドレート
マンガンクラスト
マンガンノジュール
海底熱水鉱床《かいていねっすいこうしょう》
メタンハイドレート
天然《てんねん》ガスの主成分《しゅせいぶん》であるメタンが水分子《みずぶんし》によって閉《と》じこめられ、氷《こおり》のような状態《じょうたい》で海底下《かいていか》に存在《そんざい》している。
マンガンノジュール
鉄《てつ》とマンガンが主成分《しゅせいぶん》の酸化物《さんかぶつ》で球形《きゅうけい》をしており、主《おも》に平坦《へいたん》な海底《かいてい》に存在《そんざい》する。
黒潮《くろしお》
マンガンクラスト
海山《かいざん》の斜面《しゃめん》などをおおっている、鉄《てつ》とマンガンが主成分《しゅせいぶん》の酸化物《さんかぶつ》。有用《ゆうよう》な金属《きんぞく》も含《ふく》んでいる。
海底熱水鉱床《かいていねっすいこうしょう》
海底下《かいていか》のマグマの影響《えいきょう》でつくられた熱水《ねっすい》の作用《さよう》によって岩石中《がんせきちゅう》の金属《きんぞく》が集《あつ》められ、集積《しゅうせき》している場所《ばしょ》。
南鳥島《みなみとりしま》
拓洋第5海山《たくようだいかいざん》
地図作成《ちずさくせい》：DEM Earth
地図《ちず》データ：©Google Sat

パソコンなどにも
レアメタルが
使《つか》われているよ

「レア」な金属《きんぞく》

金属《きんぞく》の中《なか》には、埋蔵量《まいぞうりょう》が少《すく》なく、取《と》り出《だ》すのがむずかしいにもかかわらず、最新《さいしん》の工業製品《こうぎょうせいひん》などに必要《ひつよう》で価値《かち》の高《たか》いものがあります。こうした金属《きんぞく》を「レアメタル（希少金属《きしょうきんぞく》）」といいます。レアメタルの中《なか》でも、さらに貴重《きちょう》な17種類《しゅるい》の金属《きんぞく》を「レアアース（希土類《きどるい》）」とよんでいます。

もっと知《し》りたい

日本《にほん》では、リチウム、チタン、ネオジムなど47種類《しゅるい》の金属元素《きんぞくげんそ》をレアメタルとしている。

03

世界《せかい》の石油《せきゆ》の3分《ぶん》の1は海底《かいてい》でとれる

石油《せきゆ》や天然《てんねん》ガスは、私《わたし》たちの暮《く》らしにかかせないエネルギー資源《しげん》です。石油《せきゆ》や天然《てんねん》ガスの採掘《さいくつ》は陸《りく》地《ち》からはじまり、次第《しだい》に浅《あさ》い海《うみ》、そして水深《すいしん》300メートルをこえるような深《ふか》い海《うみ》へと進出《しんしゅつ》してきました。現在《げんざい》では、水深《すいしん》3000メートルの海底《かいてい》からさらに数千《すうせん》メートル掘《ほ》り進《すす》めて、石油《せきゆ》やガスを採《さい》掘《くつ》することも可能《かのう》になっています。

現在《げんざい》の石油《せきゆ》の採掘量《さいくつりょう》のうち、お

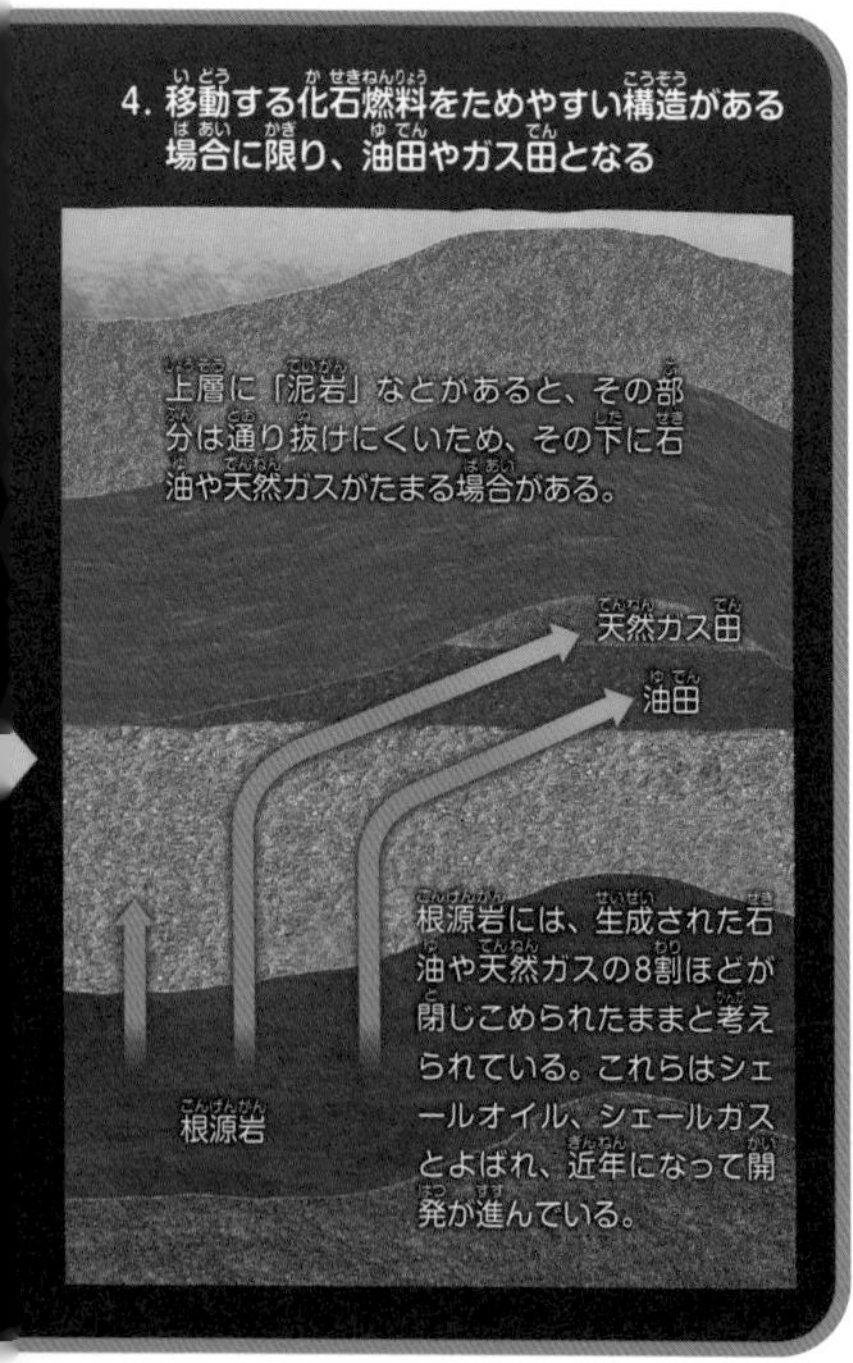
4. 移動《いどう》する化石燃料《かせきねんりょう》をためやすい構造《こうぞう》がある場合《ばあい》に限《かぎ》り、油田《ゆでん》やガス田《でん》となる
上層に「泥岩《でいがん》」などがあると、その部《ぶ》分《ぶん》は通《とお》り抜《ぬ》けにくいため、その下《した》に石《せき》油《ゆ》や天然《てんねん》ガスがたまる場合《ばあい》がある。
天然《てんねん》ガス田《でん》
油田《ゆでん》
根源岩《こんげんがん》には、生成《せいせい》された石《せき》油《ゆ》や天然《てんねん》ガスの8割《わり》ほどが閉じこめられたままと考えられている。これらはシェールオイル、シェールガスとよばれ、近年《きんねん》になって開《かい》発《はつ》が進《すす》んでいる。
根源岩《こんげんがん》

油田《ゆでん》や天然《てんねん》ガス田《でん》ができるまで

左《ひだり》のイラストは、生物《せいぶつ》の死《し》骸《がい》が地中に埋《う》もれ、石油《せきゆ》や天然《てんねん》ガスへと変質《へんしつ》し、やがて移動《いどう》して油田《ゆでん》やガス田《でん》ができるまでの過程《かてい》をえがいたものである。

石油《せきゆ》の正体《しょうたい》は大《おお》むかしの生《い》き物《もの》なんだって

よそ3分《ぶん》の1は海底《かいてい》の下《した》から掘《ほ》り出《だ》されたものです。このうちの多《おお》くは浅《あさ》い海《うみ》からとれたものですが、もちろん、将来的《しょうらいてき》にはとりつくされてなくなってしまいます。

そこで、次《つぎ》に注目《ちゅうもく》されているのが、水深《すいしん》300メートルをこえる深《ふか》い海《うみ》や、これまで開発《かいはつ》が避《さ》けられてきた北極圏《ほっきょくけん》の海底《かいてい》にある石油《せきゆ》です。そうした場所《ばしょ》には、これまでに人類《じんるい》が掘《ほ》り出《だ》した石油《せきゆ》の3分《ぶん》の1ほどの量《りょう》がねむっていると見《み》積《つ》もられています。

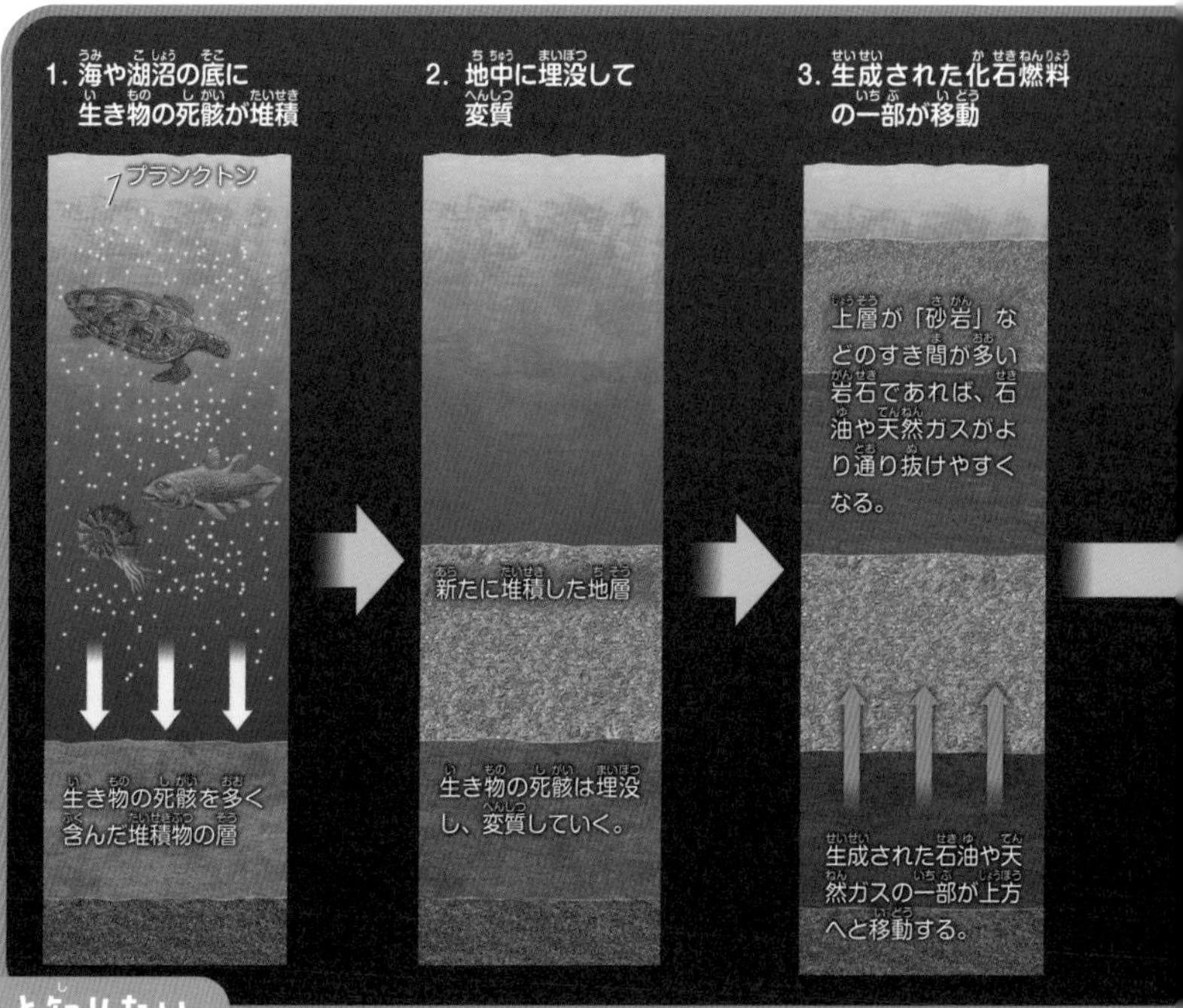

1. 海《うみ》や湖沼《こしょう》の底《そこ》に生《い》き物《もの》の死骸《しがい》が堆積《たいせき》
プランクトン
生《い》き物《もの》の死骸《しがい》を多《おお》く含《ふく》んだ堆積物《たいせきぶつ》の層《そう》
2. 地中《ちちゅう》に埋没《まいぼつ》して変質《へんしつ》
新《あら》たに堆積《たいせき》した地層《ちそう》
生《い》き物《もの》の死骸《しがい》は埋没《まいぼつ》し、変質《へんしつ》していく。
3. 生成《せいせい》された化石燃料《かせきねんりょう》の一部《いちぶ》が移動《いどう》
上層《じょうそう》が「砂岩《さがん》」などのすき間《ま》が多《おお》い岩石《がんせき》であれば、石油《せきゆ》や天然《てんねん》ガスがより通《とお》り抜《ぬ》けやすくなる。
生成《せいせい》された石油《せきゆ》や天然《てんねん》ガスの一部《いちぶ》が上方《じょうほう》へと移動《いどう》する。

もっと知《し》りたい

石油《せきゆ》や天然《てんねん》ガスは、新《あら》たに開発《かいはつ》しなければあと50年《ねん》ほどでとりつくされるという。

04

天然《てんねん》ガスを含《ふく》んだ〝燃《も》える氷《こおり》〟メタンハイドレート

日本近海《にほんきんかい》の海底《かいてい》には、天然《てんねん》ガスの主《しゅ》成分《せいぶん》である「メタン」を含《ふく》んだ氷《こおり》のような物質《ぶっしつ》「メタンハイドレート」が埋《う》もれていることがわかっています。

メタンハイドレートは、水分子《みずぶんし》がつながってできた〝かご〟の中《なか》に、メタン分子《ぶんし》が閉《と》じこめられた状態《じょうたい》の物質《ぶっしつ》で、水《みず》とメタンが低温《ていおん》・高圧《こうあつ》の状態《じょうたい》におかれた場合《ばあい》にできます。日本近海《にほんきんかい》では、水深《すいしん》５００メートルの深海《しんかい》では海《かい》水温《すいおん》が５℃前後《ぜんご》になり、メタンハイドレートができる条件《じょうけん》を満《み》たしています。

メタンハイドレートは海水中《かいすいちゅう》では浮《う》き上《あ》がってしまうため、まとめて採掘《さいくつ》するには海底《かいてい》に埋《う》もれていなければなりません。ただし、海底《かいてい》から地下《ちか》へともぐればもぐるほど、地熱《ちねつ》によって温《おん》度《ど》が上昇《じょうしょう》し、メタンハイドレートができる「低温《ていおん》」の条件《じょうけん》を満《み》たさなくなります。日本周辺《にほんしゅうへん》では、海底《かいてい》の下《した》を３００メートル以上《いじょう》掘《ほ》ってもメタンハイドレートは見《み》つからないようです。

海中《かいちゅう》のメタンハイドレート

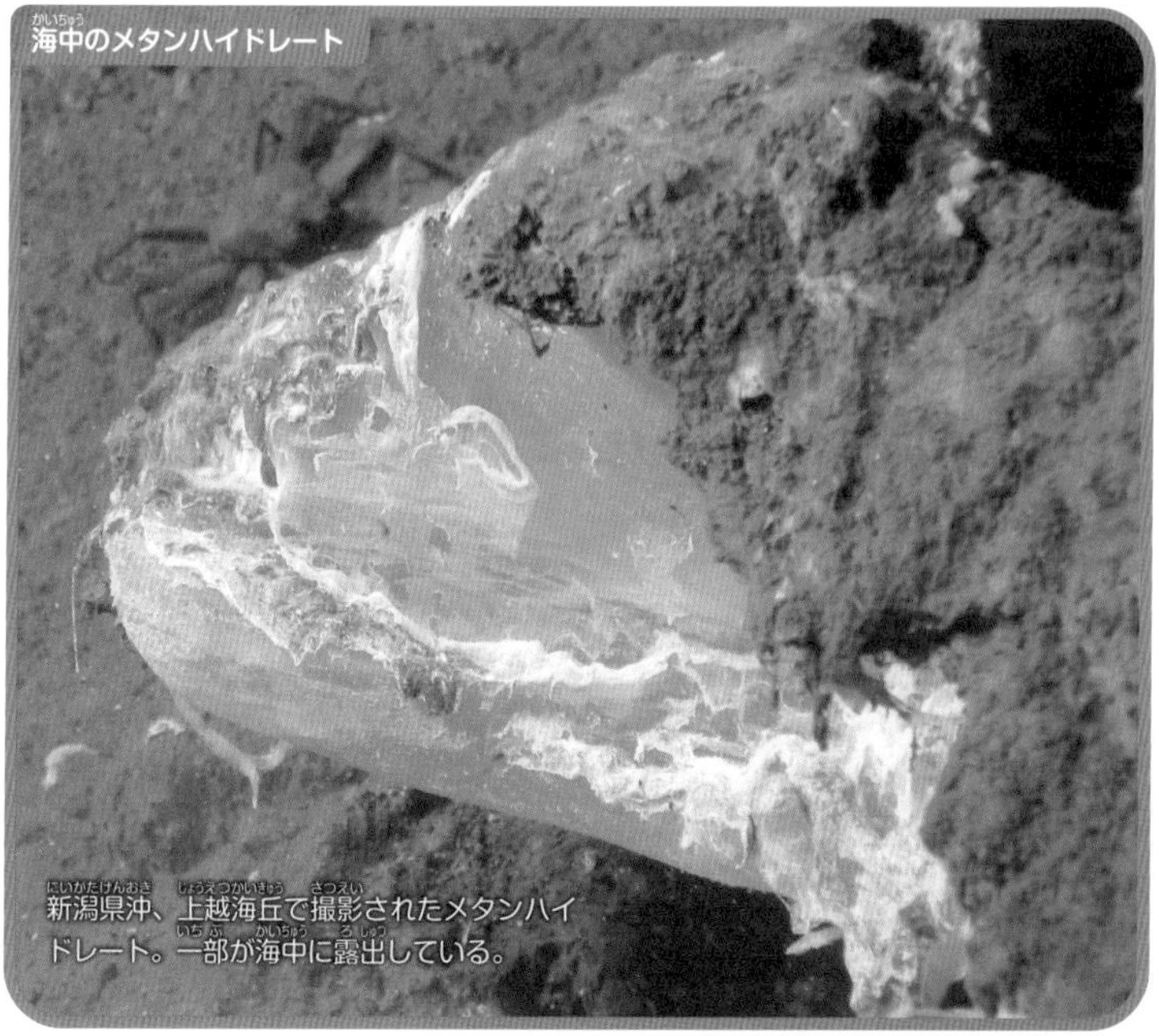

新潟県沖《にいがたけんおき》、上越海丘《じょうえつかいきゅう》で撮影《さつえい》されたメタンハイドレート。一部《いちぶ》が海中《かいちゅう》に露出《ろしゅつ》している。

氷《こおり》みたいな
見《み》た目《め》なのに
燃《も》えるんだよ

メタンハイドレートの構造《こうぞう》

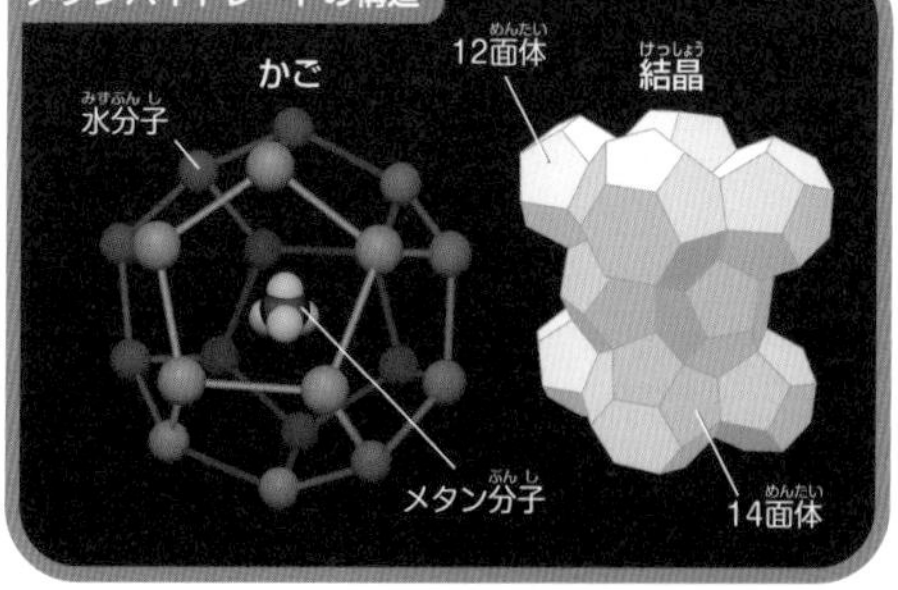

かご
水分子《みずぶんし》
メタン分子《ぶんし》
12面体《めんたい》
結晶《けっしょう》
14面体《めんたい》

水分子《みずぶんし》の“かご”には、正五角形《せいごかっけい》できた正《せい》12面体《めんたい》のタイプと、正五角形《せいごかっけい》12個《こ》と正六角形《せいろっかくけい》2個《こ》でできた14面体《めんたい》のタイプがある。2つのタイプが規則正《きそくただ》しく並《なら》び、イラストのような結晶構造《けっしょうこうぞう》をつくっている。

もっと知《し》りたい

メタンハイドレートを燃《も》やして排出《はいしゅつ》されるCO_2は、石油《せきゆ》を燃《も》やすより約《やく》30%少《すく》ない。

05

大《おお》きな海《うみ》には金属《きんぞく》の資源《しげん》がゴロゴロしている

太平洋《たいへいよう》などの海底《かいてい》には、主《おも》に3種類《しゅるい》の金属《きんぞく》資源《しげん》があることがわかっています。

海山《かいざん》の頂上《ちょうじょう》から底《そこ》の斜面《しゃめん》にかけてあるのが、「マンガンクラスト」です。平坦《へいたん》な海底《かいてい》には、「マンガンノジュール（マンガン団塊《だんかい》）」があります。これら2つの主成分《しゅせいぶん》は、マンガンと鉄《てつ》の酸化物《さんかぶつ》ですが、各種《かくしゅ》のレアメタル（→155ページ）も含《ふく》まれていることがわ

海底《かいてい》をうめつくすマンガンノジュール

フィリピン海《かい》のパレスベラ海盆《かいぼん》で撮影《さつえい》されたマンガンノジュールのようす。海底《かいてい》にころがっている球形《きゅうけい》のもの一《ひと》つ一《ひと》つがマンガンノジュールである。ただし、多《おお》くの場所《ばしょ》では、これほど密集《みっしゅう》しているわけではない。

かっていて、資源《しげん》として期待《きたい》されています。

3つ目《め》の「レアアース泥《でい》」は、ハイテク産業《さんぎょう》にかかせない「レアアース（→155ページ）」を多《おお》く含《ふく》んだ泥《どろ》で、大洋《たいよう》の海底《かいてい》の地下《ちか》数《すう》メートル～十数《じゅうすう》メートルの深《ふか》さまで堆積《たいせき》していることがわかってきました。

問題《もんだい》は、これらの資源《しげん》が水深数《すいしんすう》千《せん》メートルの深海《しんかい》にあることです。今《いま》のところ、これらの資源《しげん》を効率《こうりつ》よく大量《たいりょう》に回収《かいしゅう》する方法《ほうほう》は見《み》つかっていません。

海底《かいてい》の表面《ひょうめん》をおおうマンガンクラスト

北大西洋西《きたたいせいようせい》部《ぶ》にある、拓洋第《たくようだい》5海山《かいざん》で撮影《さつえい》されたマンガンクラスト。海底《かいてい》をおおうように広《ひろ》がっているようすがわかる。

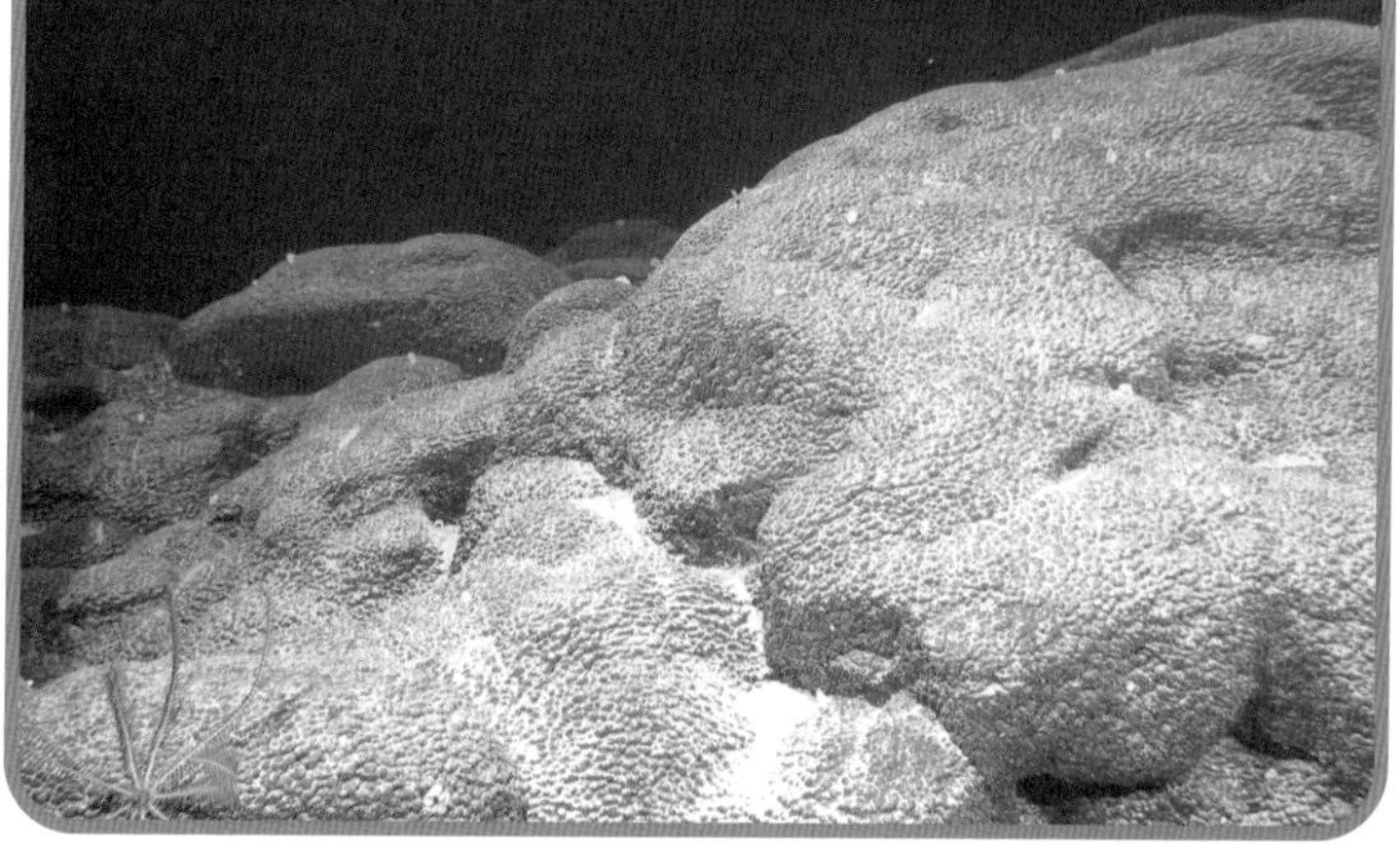

もっと知《し》りたい

コバルトを多《おお》く含《ふく》むマンガンクラストを「コバルトリッチクラスト」とよぶ。

06 金属《きんぞく》を含《ふく》んだ熱水《ねっすい》が噴《ふ》き出《で》る海底《かいてい》の「鉱山《こうざん》」

火山活動《かざんかつどう》が活発《かっぱつ》な場所《ばしょ》では、海底《かいてい》の下《した》の岩石《がんせき》が高温《こうおん》に熱《ねっ》せられています。海底《かいてい》の下《した》へ入《はい》りこんだ海水《かいすい》は、熱《あつ》い岩《がん》石《せき》を通過《つうか》するうちに、数百《すうひゃく》℃の高温《こうおん》になります。水《みず》は高温《こうおん》になると、さまざまな物質《ぶっしつ》をとかしやすくなる性質《せいしつ》があるため、周囲《しゅうい》の岩石《がんせき》に含《ふく》まれていたさまざまな金属《きんぞく》がとけこんでいきます。

やがて熱水《ねっすい》は「熱水噴出孔《ねっすいふんしゅつこう》（↓106ページ）」から海底《かいてい》に出《で》てきます。

このとき、熱水《ねっすい》の温度《おんど》が下《さ》がって金属《きんぞく》をとかしこんでいることができなくなり、大量《たいりょう》の金属《きんぞく》がはき出《だ》されます。このような金属《きんぞく》が煙突状《えんとつじょう》の構造《こうぞう》となったものを「チムニー」とよびます。熱水《ねっすい》噴出孔《ふんしゅつこう》や、チムニーのまわりなどにも金属《きんぞく》が積《つ》もります。これが「海底熱水《かいていねっすい》鉱床《こうしょう》」、つまり〝海《うみ》の鉱山《こうざん》〟です。

　現時点《げんじてん》では、まだ海底熱水鉱床《かいていねっすいこうしょう》を利《り》用《よう》する方法《ほうほう》はありませんが、日本《にほん》にある海底熱水鉱床《かいていねっすいこうしょう》は比較的浅《ひかくてきあさ》い海《うみ》にあるので、開発《かいはつ》しやすいといわれています。

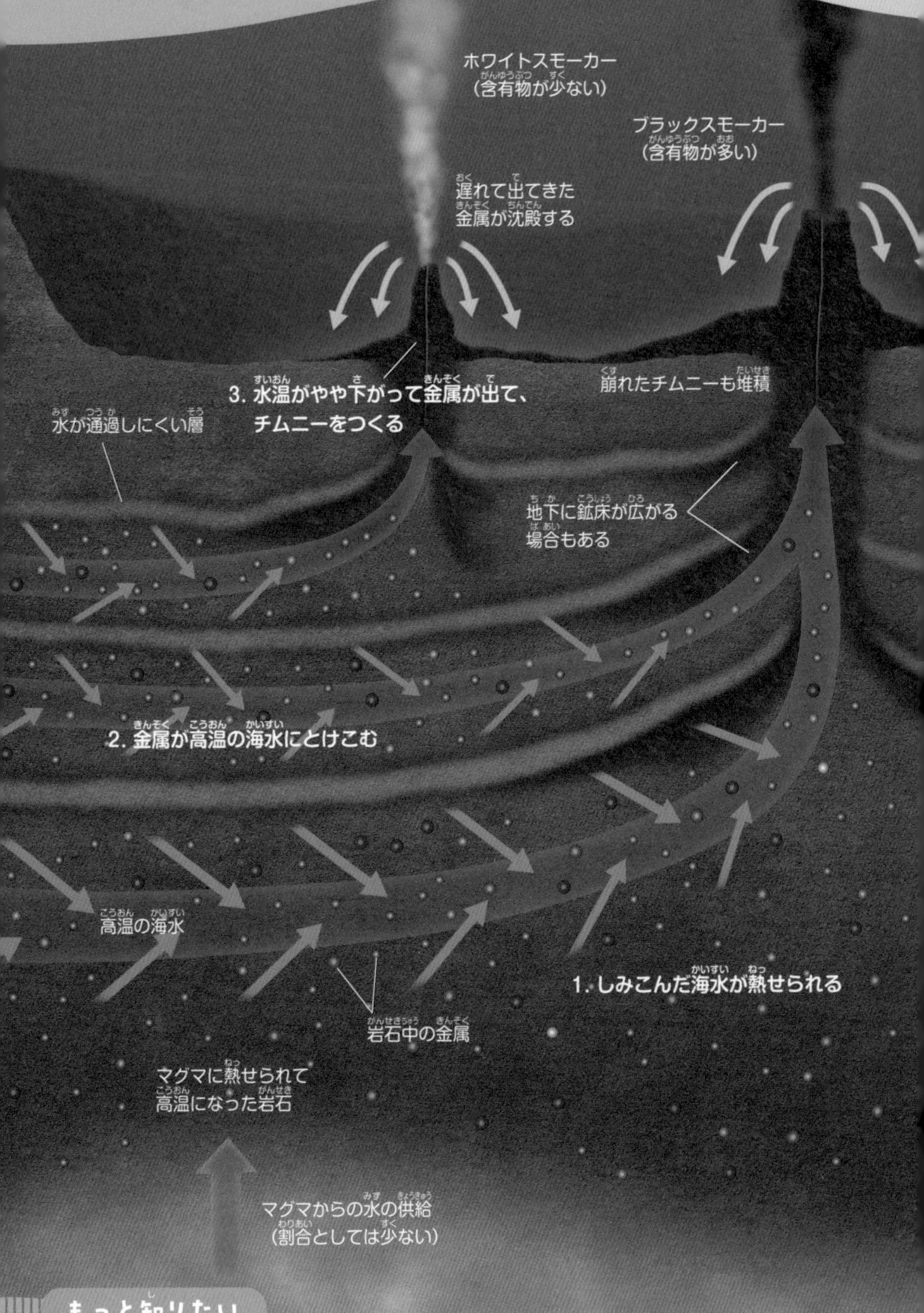
ホワイトスモーカー
（含有物《がんゆうぶつ》が少《すく》ない）
ブラックスモーカー
（含有物《がんゆうぶつ》が多《おお》い）
遅《おく》れて出《で》てきた
金属《きんぞく》が沈殿《ちんでん》する
3. 水温《すいおん》がやや下《さ》がって金属《きんぞく》が出《で》て、
チムニーをつくる
崩《くず》れたチムニーも堆積《たいせき》
水《みず》が通過《つうか》しにくい層《そう》
地下《ちか》に鉱床《こうしょう》が広《ひろ》がる
場合《ばあい》もある
2. 金属《きんぞく》が高温《こうおん》の海水《かいすい》にとけこむ
高温《こうおん》の海水《かいすい》
1. しみこんだ海水《かいすい》が熱《ねっ》せられる
岩石中《がんせきちゅう》の金属《きんぞく》
マグマに熱《ねっ》せられて
高温《こうおん》になった岩石《がんせき》
マグマからの水《みず》の供給《きょうきゅう》
（割合《わりあい》としては少《すく》ない）

もっと知《し》りたい

ちきゅう（→128ページ）により、熱水噴出孔《ねっすいふんしゅつこう》を人工的《じんこうてき》につくりだす研究《けんきゅう》もある。

やすみじかん

海水《かいすい》から資源《しげん》を取《と》り出《だ》す

海《うみ》の資源《しげん》は、海底《かいてい》だけでなく海水《かいすい》そのものからも取《と》ることができます。いちばん身近《みぢか》なものは、食塩《しょくえん》（塩化《えんか》ナトリウム）ですね。ほかにも、海水《かいすい》から「マグネシウム」や「ヨウ素《そ》」などを取《と》り出《だ》す技術《ぎじゅつ》も確立《かくりつ》されています。

実用《じつよう》に近《ちか》い段階《だんかい》まで研究《けんきゅう》が進《すす》んでいるのが、原子力発電《げんしりょくはつでん》の燃料《ねんりょう》となる「ウラン」です。海《かい》水《すい》1トンあたりに約《やく》0.003グラムしか含《ふく》まれて

ウラン鉱石《こうせき》

ウランを吸着《きゅうちゃく》する特殊《とくしゅ》な繊維《せんい》を使《つか》い、海水《かいすい》からウランを得《え》ることにはすでに成功《せいこう》している。この方法《ほうほう》では、ウランとともにバナジウム、コバルト、ニッケルも得《え》られるという。

精製《せいせい》されたリチウム

リチウム電池《でんち》の原料《げんりょう》としてニーズが高《たか》まっているリチウムも、海水《かいすい》から採取《さいしゅ》できるかもしれない。すでに電池《でんち》のしくみを応用《おうよう》して、海水《かいすい》からリチウムを分離《ぶんり》しながら同時《どうじ》に電気《でんき》を発生《はっせい》させるという技術《ぎじゅつ》が可能《かのう》となっているという。

いないので、いかにして効率《こうりつ》よく集《あつ》めるかが課題《かだい》になっています。

今後《こんご》の期待《きたい》が高《たか》まっているのが、電池《でんち》の原料《げんりょう》になる「リチウム」です。現在《げんざい》、リチウムの多《おお》くは、リチウムを多《おお》く含《ふく》んだ塩湖《えんこ》の水《みず》を、1年《ねん》以上《いじょう》かけて自然《しぜん》に蒸発《じょうはつ》させるという方法《ほうほう》で生産《せいさん》されています。もし海水《かいすい》から効率《こうりつ》よく取《と》り出《だ》すことができたら、とても有望《ゆうぼう》な産業《さんぎょう》となるでしょう。

うまいメシには
塩《しお》がかかせないぜ～

タイの塩田《えんでん》
海水《かいすい》を蒸発《じょうはつ》させることで、大量《たいりょう》の塩《しお》の結晶《けっしょう》が得《え》られる。

07

海《うみ》のエネルギーで発電《はつでん》できるかもしれない！

波《なみ》や海流《かいりゅう》、空気《くうき》を動《うご》かす力《ちから》など、海《うみ》は多《おお》くのエネルギーをひめています。このエネルギーを発電《はつでん》に利用《りよう》できたら、地球《ちきゅう》にやさしい豊《ゆた》かなエネルギー源《げん》になります。

たとえば、日本近海《にほんきんかい》を流《なが》れる黒《くろ》潮《しお》の中《なか》に水車《すいしゃ》を設置《せっち》して発電機《はつでんき》につなげば、発電《はつでん》することができます。これを「海流発電《かいりゅうはつでん》」といいます。同《おな》じように、潮《しお》の満《み》ち引《ひ》きで生《う》まれる流《なが》れを利用《りよう》した発電《はつでん》に

洋上風力発電《ようじょうふうりょくはつでん》　デンマーク、カテガット海峡《かいきょう》の洋上風力発電《ようじょうふうりょくはつでん》。

「潮力発電《ちょうりょくはつでん》」があり、沿岸《えんがん》に近《ちか》い海峡《かいきょう》で行《おこな》うことができます。

地球《ちきゅう》にやさしい発電方法《はつでんほうほう》の1つである「風力発電《ふうりょくはつでん》」は、実《じつ》は陸《りく》よりも海上《かいじょう》の方《ほう》が向《む》いています。大《おお》きな風車《ふうしゃ》を設置《せっち》しても、騒音《そうおん》の心配《しんぱい》がないためです。

波《なみ》の力《ちから》で発電《はつでん》する「波力発電《はりょくはつでん》」は、すでに複数《ふくすう》の発電方式《はつでんほうしき》が考案《こうあん》されています。

深海《しんかい》の冷《つめ》たい水《みず》と、海面付近《かいめんふきん》の温《あたた》かい海水《かいすい》の温度差《おんどさ》を利用《りよう》して発電《はつでん》する「海洋温度差発電《かいようおんどさはつでん》」もあります。

もっと知《し》りたい

日本《にほん》に打《う》ち寄《よ》せる波《なみ》のエネルギーの合計《ごうけい》は、標準的《ひょうじゅんてき》な原子力発電所《げんしりょくはつでんしょ》の30基分以上《きぶんいじょう》ある。

08 海《うみ》のめぐみが支《ささ》える日本《にほん》の食《しょく》

海《うみ》が私《わたし》たちにもたらしてくれるものといえば、やはりおいしい魚介類《ぎょかいるい》ですね。日本《にほん》は、海《うみ》に囲《かこ》まれた島国《しまぐに》であることに加《くわ》え、むかしは仏教《ぶっきょう》などの影響《えいきょう》で陸上《りくじょう》の動物《どうぶつ》を食《た》べる習慣《しゅうかん》がほとんどありませんでした。そのため、古《ふる》くから魚介類《ぎょかいるい》が重要《じゅうよう》なタンパク源《げん》として食《た》べられてきたのです。

江戸時代《えどじだい》までは、主《おも》に沿岸部《えんがんぶ》で小《ちい》さな船《ふね》を使《つか》って小規模《しょうきぼ》に魚《さかな》をとる「沿岸漁業《えんがんぎょぎょう》」や、砂浜《すなはま》で大《おお》きな網《あみ》を引《ひ》っぱって魚《さかな》をとる「地引網漁《じびきあみりょう》」などが行《おこな》われてきました。明治時代《めいじじだい》になると、蒸気機関《じょうききかん》やエンジンで動《うご》く船《ふね》の技術《ぎじゅつ》が西洋《せいよう》から伝《つた》わり、より遠《とお》い場所《ばしょ》で大規模《だいきぼ》に行《おこな》う漁《りょう》がさかんになりました。その結果《けっか》、水産物《すいさんぶつ》の漁獲量《ぎょかくりょう》が格段《かくだん》に増《ふ》えました。戦後《せんご》は、食糧不足《しょくりょうぶそく》を解決《かいけつ》するために漁業《ぎょぎょう》の拡大《かくだい》がはかられました。

このような歴史《れきし》を経《へ》て、日本《にほん》は現在《げんざい》も世界有数《せかいゆうすう》の魚介類消費国《ぎょかいるいしょうひこく》でありつづけています。

おいしい魚介類《ぎょかいるい》も海《うみ》の資源《しげん》です

遠洋漁業《えんようぎょぎょう》

大《おお》きな船《ふね》で、数《すう》か月《げつ》から1年以上《ねんいじょう》の期間《きかん》をかけて行《おこな》う漁業《ぎょぎょう》。主《おも》にマグロやカツオのほか、イカなどをとる。現在《げんざい》、全漁獲量《ぜんぎょかくりょう》の1割弱《わりじゃく》を占《し》めている。写真《しゃしん》は、市場《いちば》に水揚《みずあ》げされた遠洋漁業《えんようぎょぎょう》でとれたマグロ。

沖合漁業《おきあいぎょぎょう》

沿岸《えんがん》よりも遠《とお》い場所《ばしょ》で、中規模《ちゅうきぼ》の漁《りょう》を行《おこな》う漁業《ぎょぎょう》。カツオやマグロのほか、サケ、マス、アジ、サバ、サンマ、イカ、カニなど、さまざまな魚介類《ぎょかいるい》をとる。現在《げんざい》、全漁獲量《ぜんぎょかくりょう》の約《やく》半分《はんぶん》を占《し》めている。写真《しゃしん》は、イカ釣《つ》り船《ぶね》。光《ひかり》に集《あつ》まるイカの習性《しゅうせい》を利用《りよう》するため、集魚灯《しゅうぎょとう》が並《なら》ぶ。

沿岸漁業《えんがんぎょぎょう》

日帰《ひがえ》りできるほどの沿岸部《えんがんぶ》で、比較的小規模《ひかくてきしょうきぼ》に行《おこな》われる漁業《ぎょぎょう》。とれるのはアジやサバ、イワシ、タイ、タラなどが多《おお》い。現在《げんざい》、全漁獲量《ぜんぎょかくりょう》の約《やく》2割《わり》を占《し》めている。写真《しゃしん》は、沿岸漁業《えんがんぎょぎょう》の一種《いっしゅ》、定置網《ていちあみ》。網《あみ》に沿《そ》って泳《およ》ぐ魚《さかな》の習性《しゅうせい》を利用《りよう》した漁法《ぎょほう》だ。

もっと知《し》りたい

世界《せかい》では、1人当《りあ》たりの魚介類《ぎょかいるい》の消費量《しょうひりょう》が過去半世紀《かこはんせいき》で約《やく》2倍《ばい》に増《ふ》えている。

やすみじかん

水産資源《すいさんしげん》を守《まも》る取《と》り組《く》み

海《うみ》からとれる魚《さかな》などの水産物《すいさんぶつ》は、けっして無限《むげん》ではありません。近年《きんねん》、世界的《せかいてき》に漁獲量《ぎょかくりょう》が増《ふ》えたことにより、いずれとりつくされてしまうのではないかということが問題視《もんだいし》されるようになりました。日本《にほん》では、1996年《ねん》に成《せい》立《りつ》した「海洋生物資源《かいようせいぶつしげん》の保存及《ほぞんおよ》び管理《かんり》に関《かん》する法律《ほうりつ》（TAC法）」に基《もと》づいて、魚《さかな》の種類《しゅるい》ごとに漁獲《ぎょかく》できる量《りょう》を設《もう》けるなどして、水産物《すいさんぶつ》をとりすぎないようにしています。

世界《せかい》では、「国連公海漁業協定《こくれんこうかいぎょぎょうきょうてい》」によって、公海《こうかい》(どの国《くに》にも属《ぞく》さない海《うみ》)での漁獲量《ぎょかくりょう》の管《かん》理《り》が行《おこな》われています。カツオやマグロに関《かん》しては、「かつお・まぐろ類《るい》の地域漁業管理機関《ちいきぎょぎょうかんりきかん》」という国際的《こくさいてき》な組織《そしき》による管理《かんり》も行《おこな》われています。また、資源《しげん》や環境《かんきょう》への配慮《はいりょ》が認証《にんしょう》された漁業《ぎょぎょう》や養殖業《ようしょくぎょう》による水産物《すいさんぶつ》には、左《ひだり》のページのような認証《にんしょう》ラベルがつけられます。

さまざまな認証《にんしょう》ラベル

水産物《すいさんぶつ》にはこのページに示《しめ》すような、さまざまな認証制度《にんしょうせいど》がある。

MSC「海《うみ》のエコラベル」

水産資源《すいさんしげん》と環境《かんきょう》に配慮《はいりょ》し適切《てきせつ》に管理《かんり》されたMSC認証《にんしょう》を取得《しゅとく》した漁業《ぎょぎょう》でとられた水産物《すいさんぶつ》であることを証明《しょうめい》するラベル。国際的《こくさいてき》な非営利団体《ひえいりだんたい》であるMSC（海洋管理協議会《かいようかんりきょうぎかい》）が管理《かんり》、推進《すいしん》している。

海のエコラベル
持続可能な漁業で獲られた
水産物
MSC認証
www.msc.org/jp
TM

www.melj.jp
マリン・エコラベル・ジャパン®

MEL《メル》（マリン・エコラベル・ジャパン）

水産資源《すいさんしけん》を持続的《じぞくてき》に利用《りよう》したり、環境《かんきょう》に配慮《はいりょ》したりしている生産者《せいさんしゃ》（漁業《ぎょぎょう》・養殖業《ようしょくぎょう》）と、加工《かこう》・流通業者《りゅうつうぎょうしゃ》による商品《しょうひん》であることを認証《にんしょう》する、日本生《にほんう》まれの世界《せかい》に認《みと》められているラベル。

ASC認証《にんしょう》ラベル

持続可能《じぞくかのう》な方法《ほうほう》で運営《うんえい》され、周辺《しゅうへん》の自然環境《しぜんかんきょう》や地域社会《ちいきしゃかい》に配慮《はいりょ》した養殖業者《ようしょくぎょうしゃ》による「責任《せきにん》ある養殖水産物《ようしょくすいさんぶつ》」であることが、国際的《こくさいてき》な組織《そしき》である水産養殖管理協議会《すいさんようしょくかんりきょうぎかい》（ASC）に認《みと》められたことを証明《しょうめい》するラベル。

責任ある養殖により
生産された水産物
asc
認証
ASC-AQUA.ORG
TM

用語解説《ようごかいせつ》

【インド洋《よう》】ユーラシア大陸《たいりく》、アフリカ大陸《たいりく》、オーストラリア大陸《たいりく》に囲《かこ》まれた海《うみ》。

【エルニーニョ現象《げんしょう》】ペルー沖《おき》で数年《すうねん》に一度《いちど》、海水温《かいすいおん》が高《たか》くなる現象《げんしょう》。世界中《せかいじゅう》の気象《きしょう》に変化《へんか》をもたらす。

【親潮《おやしお》】千島列島《ちしまれっとう》から日本列島《にっぽんれっとう》の東《ひがし》にかけて流《なが》れる海流《かいりゅう》。日本近海《にほんきんかい》を流《なが》れる代表的《だいひょうてき》な寒流《かんりゅう》である。

【温室効果《おんしつこうか》ガス】太陽光《たいようこう》の熱《ねつ》エネルギーを吸収《きゅうしゅう》し、地球温暖化《ちきゅうおんだんか》を促進《そくしん》する気体《きたい》。二酸化炭素《にさんかたんそ》、メタン、一酸化二炭素《いっさんかにたんそ》、フロンガスなどがある。

【海溝《かいこう》】水深《すいしん》６０００メートル以上《いじょう》の海底《かいてい》にある、細長《ほそなが》い溝状《みぞじょう》の地形《ちけい》。浅《あさ》くて幅《はば》が広《ひろ》いものは「トラフ（舟状海盆《しゅうじょうかいぼん》）」とよばれる。

【回遊魚《かいゆうぎょ》】海《うみ》や川《かわ》など広《ひろ》い範囲《はんい》を移動《いどう》しながら暮《く》らす魚《さかな》の総称《そうしょう》。

【海流《かいりゅう》】いつもおおむね同《おな》じ方向《ほうこう》に流《なが》れている海水《かいすい》の流《なが》れ。潮汐《ちょうせき》によってつくられる「潮流《ちょうりゅう》」は、時間《じかん》の経過《けいか》とともに流《なが》れる方向《ほうこう》がかわるため、海流《かいりゅう》には含《ふく》めない。

【海嶺《かいれい》】海底《かいてい》にある、山脈《さんみゃく》のような細長《ほそなが》い高《たか》まりのこと。大洋中央部《たいようちゅうおうぶ》のものは「中央海嶺《ちゅうおうかいれい》」とよばれる。

【起潮力《きちょうりょく》】潮汐《ちょうせき》を生《う》みだす力《ちから》。

【黒潮《くろしお》】東《ひがし》シナ海《かい》から日本列島《にっぽんれっとう》の太平洋側《たいへいようがわ》を、南《みなみ》から北《きた》に向《む》かって流《なが》れる海流《かいりゅう》。日本近海《にほんきんかい》を流《なが》れる代表的《だいひょうてき》な暖流《だんりゅう》で、世界最大規模《せかいさいだいきぼ》の海流《かいりゅう》である。

【公海《こうかい》】どの国《くに》の主権《しゅけん》もおよばない、だれでも自由《じゆう》に利用《りよう》できる海域《かいいき》。

【甲殻類《こうかくるい》】節足動物《せっそくどうぶつ》の１つ。エビやカニ、フジツボ、ダンゴムシなど多様《たよう》な動物《どうぶつ》が含《ふく》まれる。

【光合成《こうごうせい》】植物《しょくぶつ》などが、光《ひかり》エネルギーから有機物《ゆうきぶつ》をつくりだす反応《はんのう》。

【硬骨魚類《こうこつぎょるい》】カルシウムなどが含《ふく》まれた、かたい骨《ほね》をもつ魚類《ぎょるい》の総称《そうしょう》。

【色素胞《しきそほう》】動物《どうぶつ》にある体《からだ》の色《いろ》を決《き》める細胞《さいぼう》のこと。タコやイカは、筋肉《きんにく》によって色素胞《しきそほう》をのび縮《ちぢ》みさせることで体《からだ》の色《いろ》をかえる。

【植物《しょくぶつ》プランクトン】光合成《こうごうせい》をするプランクトン。海《うみ》における食物《しょくもつ》連鎖《れんさ》の基盤《きばん》で、生態系《せいたいけい》を支《ささ》えている。

【食物連鎖《しょくもつれんさ》】生《い》き物《もの》どうしの「食《く》う・食《く》われる」の関係《かんけい》。

【深海《しんかい》】海洋生物学《かいようせいぶつがく》では、200メートルより深《ふか》い海《うみ》をさす。

【生態系《せいたいけい》】ある場所《ばしょ》において、そこに生息《せいそく》する生《い》き物《もの》と環境《かんきょう》をまとめてあらわす言葉《ことば》。

【大西洋《たいせいよう》】ヨーロッパ大陸《たいりく》、アフリカ大陸《たいりく》、南北《なんぼく》アメリカ大陸《たいりく》に囲《かこ》まれた海《うみ》のこと。

【太平洋《たいへいよう》】ユーラシア大陸《たいりく》とオーストラリア大陸《たいりく》、南極大陸《なんきょくたいりく》、南《なん》北《ぼく》アメリカ大陸《たいりく》に囲《かこ》まれた海《うみ》のこと。

【大陸棚《たいりくだな》】陸地《りくち》に近《ちか》い海底《かいてい》で、比較《ひかく》的《てき》傾斜《けいしゃ》がなだらかな地形《ちけい》のこと。

【潮汐《ちょうせき》】1日《にち》に1〜2回《かい》おこる、海水位《かいすいい》の変化《へんか》。月《つき》や太陽《たいよう》などの天《てん》体《たい》と地球《ちきゅう》との位置関係《いちかんけい》が、地球《ちきゅう》の自転《じてん》や公転《こうてん》によって変化《へんか》することで、引《ひ》きおこされる。

【潮流《ちょうりゅう》】潮汐《ちょうせき》によって生《しょう》じる海水《かいすい》の流《なが》れのこと。

【動物《どうぶつ》プランクトン】水《みず》の流《なが》れより速《はや》く移動《いどう》できず、水《みず》の中《なか》をただよう動物《どうぶつ》のこと。

【南極海《なんきょくかい》】南極大陸《なんきょくたいりく》をとり囲《かこ》む海《うみ》のこと。

【軟骨魚類《なんこつぎょるい》】やわらかい骨《ほね》のみをもつ魚類《ぎょるい》の総称《そうしょう》。サメやエイなど。

【日本海《にほんかい》】日本列島《にっぽんれっとう》と朝鮮半島《ちょうせんはんとう》、ユーラシア大陸《たいりく》の北東端《ほくとうたん》に囲《かこ》まれた海《うみ》。平均水深《へいきんすいしん》は約《やく》1350メートルで、リマン海流《かいりゅう》（寒流《かんりゅう》）と、対馬海流《つしまかいりゅう》（暖流《だんりゅう》）が流《なが》れている。

【ネクトン】水《みず》の流《なが》れにさからって自由《じゆう》に泳《およ》ぎまわることができる生《い》き物《もの》の総称《そうしょう》。

【熱塩循環《ねつえんじゅんかん》】海《うみ》の表層《ひょうそう》から深海《しんかい》へ、

深海《しんかい》から表層《ひょうそう》へと循環《じゅんかん》する海水《かいすい》の流《なが》れ。

【熱水噴出孔《ねっすいふんしゅつこう》】地面《じめん》の亀裂《きれつ》から、地熱《ちねつ》で温《あたた》まった水《みず》が噴《ふ》き出《だ》している場所《ばしょ》。温泉《おんせん》や間欠泉《かんけつせん》も含《ふく》まれるが、とくに深海《しんかい》の海底《かいてい》にある「深海熱水噴出孔《しんかいねっすいふんしゅつこう》」をさす。

【排他的経済水域《はいたてきけいざいすいいき》】領海《りょうかい》（沿岸国《えんがんこく》の主権《しゅけん》がおよぶ水域《すいいき》）から200海里《かいり》（約《やく》370キロメートル）までのうち、領海《りょうかい》を除《のぞ》いた海域《かいいき》。漁業《ぎょぎょう》、天然資源《てんねんしげん》の採掘《さいくつ》、科学調査《かがくちょうさ》などを、ほかの国《くに》にじゃまされず行《おこな》うことができる。ただし、これらの活動《かつどう》を行《おこな》う以外《いがい》は、理由《りゆう》がない限《かぎ》りこの海域《かいいき》を独《ひと》り占《じ》めしてはならない。

【東《ひがし》シナ海《かい》】日本《にほん》の九州《きゅうしゅう》、沖縄《おきなわ》を含《ふく》む南西諸島《なんせいしょとう》、台湾《たいわん》、ユーラシア大陸《たいりく》の東端《とうたん》にはさまれた海《うみ》。平均《へいきん》水深《すいしん》は200メートル程度《ていど》と浅《あさ》い。

【干潟《ひがた》】潮汐《ちょうせき》によって水没《すいぼつ》する平《たい》らな砂泥地《さでいち》のこと。

【氷床《ひょうしょう》】積《つ》もった雪《ゆき》が、長《なが》い年月《ねんげつ》をかけて圧縮《あっしゅく》され、厚《あつ》い氷《こおり》となったもの。

【プランクトン】遊泳力《ゆうえいりょく》が弱《よわ》く、水《みず》の流《なが》れより速《はや》く移動《いどう》できずに水《みず》の中《なか》をただよう生《い》き物《もの》の総称《そうしょう》。

【プレート】地球《ちきゅう》の表面《ひょうめん》をおおう、10数枚《すうまい》のかたい岩盤《がんばん》の板《いた》。厚《あつ》さ100キロメートルほどで、年《ねん》に数《すう》センチメートルの速度《そくど》でゆっくりと移動《いどう》している。

【ベントス】水底《みなそこ》に接《せっ》して生息《せいそく》する生《い》き物《もの》の総称《そうしょう》。

【北極海《ほっきょくかい》】北極《ほっきょく》を中心《ちゅうしん》とした海《うみ》で、ユーラシア大陸《たいりく》、北《きた》アメリカ大陸《たいりく》とグリーンランドに囲《かこ》まれる。

【マグマ】マントルを構成《こうせい》する岩石《がんせき》がとけたもの。水蒸気《すいじょうき》や二酸化炭素《にさんかたんそ》、二酸化硫黄《にさんかいおう》などの成分《せいぶん》が大量《たいりょう》に含《ふく》まれる。

【マントル】地球《ちきゅう》の地殻《ちかく》の下《した》から深《ふか》さ2900キロメートルのあたりまでの部分《ぶぶん》。高温《こうおん》の物質《ぶっしつ》なので、本書《ほんしょ》のイラストでは赤《あか》っぽい色《いろ》でえがかれているが、実際《じっさい》はカンラン石《せき》という宝石《ほうせき》を含《ふく》んでいるため緑色《みどりいろ》をしているといわれている。

Photograph

10-11	Mayumi.K.Photography/stock.adobe.com
12-13	Tunatura/stock.adobe.com
14-15	Tomas/stock.adobe.com
16-17	Marcos/stock.adobe.com
18	Wirestock/stock.adobe.com
21	増田俊明
25	（カディス湾）barmalini/stock.adobe.com,（岩塩）HandmadePictures/stock.adobe.com
26	okimo/stock.adobe.com
27	kikisora/stock.adobe.com
41	Yan/stock.adobe.com
48	（アカエイ）diak/stock.adobe.com,（カツオノエボシ）Hanz/stock.adobe.com
49	（ハナミノカサゴ）bearacreative/stock.adobe.com,（ゴマモンガラ）mirecca/stock.adobe.com
50-51	（有明海）momo2oki/stock.adobe.com,（ムツゴロウ）sakura/stock.adobe.com,（カニ）M・H/stock.adobe.com
52-53	petreltail/stock.adobe.com
54	（フナムシ）present4_u/stock.adobe.com,（マヒトデ）inubi/stock.adobe.com,（クモヒトデ類）Paylessimages/stock.adobe.com
55	（ムラサキカイメン）harum.koh CC BY-SA 2.0[※1],（アオサの仲間）photostudioYAMASA/stock.adobe.com,（カメノテ）jiro/stock.adobe.com
57	（ホホベニモウミウシ、アカテンイロウミウシ）KyoOz/stock.adobe.com,（トサカリュウグウウミウシ）cherylvb/stock.adobe.com,（フェリマレ・カリフォルニエンシス）Phil Garner/stock.adobe.com,（ゼニガタウミウシ）agarianna/stock.adobe.com
59	buttchi3/stock.adobe.com
61	Luis/stock.adobe.com
65	（ヌタウナギ）REC Stock Footage/stock.adobe.com,（ランペトラ・プラネリ）Rostislav/stock.adobe.com,（ホホジロザメ）wildestanimal/stock.adobe.com,（イソマグロ）Anion/stock.adobe.com,（ミナミアメリカハイギョ）galina_savina/stock.adobe.com,（シーラカンス）slowmotiongli/stock.adobe.com
67	mikefuchslocher/stock.adobe.com
70	（イソガニ）Meshari/stock.adobe.com,（イセエビ）lastpresent/stock.adobe.com
71	（ホンヤドカリ）inubi/stock.adobe.com,（シャコ）ffish.asiaCCBY4.0[※2],（タテジマフジツボ）Nicholas Toh/Shutterstock.com,（オキアミ類）RLS Photo/stock.adobe.com
75	（水面から顔を出すイルカ）sathopper/stock.adobe.com,（ハンドウイルカ）slowmotiongli/stock.adobe.com
76	（ジュゴン）vkilikov/stock.adobe.com,（ゼニガタアザラシ）danmir12/stock.adobe.com
77	（ラッコ）vkilikov/stock.adobe.com,（ホッキョクグマ）Don Landwehrle/stock.adobe.com
85	（オタマボヤの仲間）NOAA Ocean Exploration,（ほか）©JAMSTEC
86	（シダアンコウの仲間）©JAMSTEC,（ほか）NOAA Ocean Exploration
87	（獲物を丸のみしたホラアナゴの仲間）©JAMSTEC,（ほか）NOAA Ocean Exploration
89	©JAMSTEC
90-91	NOAA Ocean Exploration
93	（シンカイクサウオの仲間）Caladan Oceanic / Inkfish LLC / UWA,（ほか）NOAA Ocean Exploration
94-95	（リュウグウノツカイの仲間）Alamy/アフロ,（リュウグウノツカイとダイバー）Blue Planet Archive/アフロ
97	NOAA Ocean Exploration
100	Jack Byrley CC BY 4.0[※2]
101〜117	©JAMSTEC
119	（リミティング・ファクター号の耐圧殻）Richard Varcoe on behalf of Caladan Oceanic LLC CC BY 4.0[※2],（ほか）道林克禎
123	©JAMSTEC
124-125	NOAA Ocean Exploration
127	©JAMSTEC/IODP
133	Nigel/stock.adobe.com
155	Björn Wylezich/stock.adobe.com
159〜161	©JAMSTEC
164	（ウラン鉱石）RHJ/stock.adobe.com,（リチウム）Björn Wylezich/stock.adobe.com
165	Artinun/stock.adobe.com
166-167	bphoto/stock.adobe.com
169	（遠洋漁業）Yusei/stock.adobe.com,（沖合漁業）makieni/stock.adobe.com,（沿岸漁業）聡 足立/stock.adobe.com

※ 1 https://creativecommons.org/licenses/by/2.0/
※ 2 https://creativecommons.org/licenses/by/4.0/

Illustration

◇キャラクターデザイン　宮川愛理

21	Newton Press
22-23	chris/stock.adobe.com
25〜29	Newton Press
30-31	Newton Press〔地図データ:Reto Stöckli, NASA Earth Observatory〕
33〜45	Newton Press
47	NADARAKA Inc.
59〜67	Newton Press
69	黒田清桐
72	東京海洋大学鯨類学研究室
73	Newton Press
75	miha de/Shutterstock.com
78-79	Newton Press
80	blueringmedia/stock.adobe.com に加筆修正
82〜103	Newton Press
106-107	藤丸恵美子
110	Newton Press
113	（バチスフェア）James Steidl/stock.adobe.com,（ダイビング・ベル）acrogame/stock.adobe.com
114	小林 稔
115	矢田 明
117	©JAMSTEC
121	小林 稔
126〜133	Newton Press
134-135	Newton Press ※気象庁・全球月平均海面水温平年値〔7月〕をもとに作成
136〜141	Newton Press
143	（エルニーニョ現象のしくみ）Newton Press,（エルニーニョ現象発生時）Newton Press ※気象庁「エルニーニョ現象発生時の世界の天候の特徴」「ラニーニャ現象発生時の世界の天候の特徴」（https://www.data.jma.go.jp/cpd/data/elnino/learning/）を元に作成
145〜150	Newton Press
152-153	Newton Press（地図データ：Reto Stöckli, NASA Earth Observatory）
155	Newton Press（地図作成：DEM Earth, 地図データ：©Google Sat）
156〜159	Newton Press
163	加藤愛一
171	一般社団法人MSCジャパン, 一般社団法人 マリン・エコラベル・ジャパン協議会, ASC（水産養殖管理協議会）

Staff

Editorial Management　中村真哉
Editorial Staff　伊藤あずさ
DTP Operation　真志田桐子，髙橋智恵子
Design Format　宮川愛理
Cover Design　宮川愛理

Profile 監修者略歴

藤倉克則/ふじくら・かつのり

国立研究開発法人海洋研究開発機構 海洋生物環境影響研究センター・センター長。博士（水産学）。専門は深海生物学。深海生物の生態、海洋生物多様性データベース、海洋プラスチック研究などを行う。主な著書に『潜水調査船が観た深海生物』、『深海ー極限の世界』など。

ニュートン
科学《かがく》の学校《がっこう》シリーズ

海《うみ》の学校《がっこう》

2024年4月20日発行

発行人　高森康雄
編集人　中村真哉

発行所　株式会社ニュートンプレス
〒112-0012 東京都文京区大塚3-11-6
https://www.newtonpress.co.jp
電話 03-5940-2451

ISBN 978-4-315-52800-8